住房和城乡建设部"十四五"规划教材

高等职业教育建筑设备类专业建筑消防技术系列教材

全国住房和城乡建设职业教育教学指导委员会建筑设备专业指导委员会规划推荐教材

气体和泡沫消防工程

张富建　苗兆静◎主　编

陈晶晶　王　云　高怀香◎副主编

中国建筑工业出版社

图书在版编目（CIP）数据

气体和泡沫消防工程 / 张富建, 苗兆静主编 ; 陈晶晶, 王云, 高怀香副主编. -- 北京 : 中国建筑工业出版社, 2025. 8. -- (住房和城乡建设部"十四五"规划教材)(高等职业教育建筑设备类专业建筑消防技术系列教材)(全国住房和城乡建设职业教育教学指导委员会建筑设备专业指导委员会规划推荐教材). -- ISBN 978-7-112-31332-7

Ⅰ. TU998.1

中国国家版本馆CIP数据核字第2025E7P409号

随着社会的发展和科技的进步，消防工程在保障人们生命财产安全方面发挥着越来越重要的作用，消防技术人才需求缺口巨大。本书依据《气体灭火系统施工及验收规范》GB 50263—2007、《气体灭火系统设计规范》GB 50370—2005、《二氧化碳灭火系统设计规范》GB 50193—93（2010年版）、《气体灭火系统及部件》GB 25972—2024、《泡沫灭火系统技术标准》GB 50151—2021等标准和规范进行编写，从基本概念到实际应用，层次分明，主要介绍了气体和泡沫消防工程基本知识、设备与配件、工具材料与操作安全、系统装配工艺、系统安装、调试及验收、检测与维护等。

本书通俗易懂、可操作性强，具有很强的针对性，注重实际操作的应用，内容丰富实用。本书可作为职业院校消防工程技术专业教材，也供从事消防工程施工的技术人员、施工现场管理人员参考。

为了更好地支持相应课程的教学，我们向采用本书作为教材的教师提供课件，有需要者可与出版社联系。建工书院：http://edu.cabplink.com，邮箱：jckj@cabp.com.cn, 2917266507@qq.com，电话：(010) 58337285。

责任编辑：聂 伟 陈 桦
责任校对：赵 菲

住房和城乡建设部"十四五"规划教材
高等职业教育建筑设备类专业建筑消防技术系列教材
全国住房和城乡建设职业教育教学指导委员会建筑设备专业指导委员会规划推荐教材

气体和泡沫消防工程

张富建 苗兆静 主 编

陈晶晶 王 云 高怀香 副主编

*

中国建筑工业出版社出版、发行（北京海淀三里河路9号）

各地新华书店、建筑书店经销

北京点击世代文化传媒有限公司制版

鸿博睿特（天津）印刷科技有限公司印刷

*

开本：787毫米×1092毫米 1/16 印张：11½ 字数：229千字

2025年8月第一版 2025年8月第一次印刷

定价：**38.00**元（赠教师课件）

ISBN 978-7-112-31332-7

（44859）

出版说明

党和国家高度重视教材建设。2016 年，中办国办印发了《关于加强和改进新形势下大中小学教材建设的意见》，提出要健全国家教材制度。2019 年 12 月，教育部牵头制定了《普通高等学校教材管理办法》和《职业院校教材管理办法》，旨在全面加强党的领导，切实提高教材建设的科学化水平，打造精品教材。住房和城乡建设部历来重视土建类学科专业教材建设，从"九五"开始组织部级规划教材立项工作，经过近 30 年的不断建设，规划教材提升了住房和城乡建设行业教材质量和认可度，出版了一系列精品教材，有效促进了行业部门引导专业教育，推动了行业高质量发展。

为进一步加强高等教育、职业教育住房和城乡建设领域学科专业教材建设工作，提高住房和城乡建设行业人才培养质量，2020 年 12 月，住房和城乡建设部办公厅印发《关于申报高等教育职业教育住房和城乡建设领域学科专业"十四五"规划教材的通知》（建办人函〔2020〕656 号），开展了住房和城乡建设部"十四五"规划教材选题的申报工作。经过专家评审和部人事司审核，512 项选题列入住房和城乡建设领域学科专业"十四五"规划教材（简称规划教材）。2021 年 9 月，住房和城乡建设部印发了《高等教育职业教育住房和城乡建设领域学科专业"十四五"规划教材选题的通知》（建人函〔2021〕36 号）。为做好"十四五"规划教材的编写、审核、出版等工作，《通知》要求：（1）规划教材的编著者应依据《住房和城乡建设领域学科专业"十四五"规划教材申请书》（简称《申请书》）中的立项目标、申报依据、工作安排及进度，按时编写出高质量的教材；（2）规划教材编著者所在单位应履行《申请书》中的学校保证计划实施的主要条件，支持编著者按计划完成书稿编写工作；（3）高等学校土建类专业课程教材与教学资源专家委员会、全国住房和城乡建设职业教育教学指导委员会、住房和城乡建设部中等职业教育专业指导委员会应做好规划教材的指导、协调和审稿等工作，保证编写质量；（4）规划教材出版单位应积极配合，做好编辑、出版、发行等工作；（5）规划教材封面和书脊应标注"住房和城乡建设部'十四五'规划教材"字样和统一标识；（6）规划教材应在"十四五"期间完成出版，逾期不能完成的，不再作为《住房和城乡建设领域学科专业"十四五"规划教材》。

住房和城乡建设领域学科专业"十四五"规划教材的特点，一是重点以修订教育部、住房和城乡建设部"十二五""十三五"规划教材为主；二是严格按照专业标准规范要求编写，体现新发展理念；三是系列教材具有明显特点，满足不同层次和类型的学校专业教学要求；

四是配备了数字资源，适应现代化教学的要求。规划教材的出版凝聚了作者、主审及编辑的心血，得到了有关院校、出版单位的大力支持，教材建设管理过程有严格保障。希望广大院校及各专业师生在选用、使用过程中，对规划教材的编写、出版质量进行反馈，以促进规划教材建设质量不断提高。

住房和城乡建设部"十四五"规划教材办公室

2021 年 11 月

前 言

气体和泡沫消防工程是消防工程的重要组成部分，对我国消防行业的发展和人们生活水平的提高意义重大。本书既有系统的理论介绍，也注重内容实用性，按照气体和泡沫消防工程的实际流程进行编排，以图文并茂的表现形式，同时遵循由易到难，将工作内容与学习情境有机地结合在一起，平滑过渡，科学排序，便于循序渐进地学习。

本书以必需和够用为原则，以理论为引导，围绕实践展开，删繁就简。针对学生的基础和学习特点，打破原来的系统性、完整性的旧框架，操作依据实际使用来设置，着重培养学生气体和泡沫消防工程动手操作能力及解决问题能力，将气体和泡沫消防工程案例及施工常用知识技能融入书中，为学生就业及适应岗位打下扎实的基础。

本书共分为 8 章，主要内容包括：燃烧和火灾的基本知识；气体灭火系统基础知识；泡沫灭火系统基础知识；气体和泡沫灭火系统装调工具材料与操作安全；气体和泡沫灭火系统装配工艺；气体灭火系统安装、调试和验收；泡沫灭火系统安装、调试和验收；气体和泡沫灭火系统检测与维护管理。

本书由广州市机电技师学院张富建、河南建筑职业技术学院苗兆静担任主编；广州市机电技师学院陈晶晶、云南工业技师学院王云、高怀香担任副主编；广州市机电技师学院唐欣雨、张昊天、杨波、张伟鸿，广西机电技师学院王晓勇，广东工程职业技术学院王荣、陈永杰，中山市消防协会吴凤，毕节工业职业技术学院陈海珠、田凤参加编写。

感谢广东工业大学刘耿浩、黄择燊对部分图文的编辑；感谢林楚镇老师及其 CAD 竞赛训练团队周渝杰、林浩冰、张家国、熊拓鑫、黄至晨、曾昭毅、刘焕煜、何浩然，刘德铁、黄福桃等提供了实训照片；感谢杨立锦、杨建、林鸿茂、赖烨、钟文骏、赵梓皓等提供了图片及项目资料；感谢华南理工大学建筑设计研究院有限公司顾问总工程师王峰研究员、华南理工大学建筑设计研究院王钊副总工程师、广东建安消防机电工程有限公司李育华一级注册消防工程师、广州荣安消防设备有限公司唐江水总经理、何伟键工程师等给予的指导及建议；感谢广州瑞港消防设备有限公司、深圳汇安消防设施工程有限公司、深圳市共安实业发展有限公司、惠州大地消防设备有限公司、深圳市同立方科技有限公司提供的宝贵资料。

由于编者的经验和学识有限，虽然编者尽心尽力，但内容难免有疏漏或不妥之处，恳请读者给予批评指正。

目　录

燃烧和火灾的基本知识

第1章

学习目标

1. 掌握燃烧的本质和条件；
2. 掌握火灾的分类与蔓延过程；
3. 掌握防火和灭火的基本原理。

　　火灾，作为一种灾害现象，对人类社会造成了巨大的威胁，其发生往往是由于可燃物、助燃物（通常是空气中的氧气）和点火源（如高温、明火等）三要素同时存在，并在一定条件下相互作用引起的。它不仅会破坏建筑物、设备和财产，还会危及人们的生命安全。因此，对燃烧本质、火灾分类以及防火灭火基本原理的认识至关重要，它有助于我们预防火灾的发生，减少火灾带来的损失。

1.1　燃烧基本知识

1.1.1　燃烧的本质和条件

1. 燃烧的本质

　　所谓燃烧，是指可燃物与助燃物（氧化剂）发生的一种发光、发热的剧烈氧化反应。从化学反应的角度来说，燃烧是一种氧化还原反应，但其发光、放热、发烟、伴有火焰等基本特征表明它不同于一般的氧化还原反应。

　　在燃烧过程中，燃烧区的温度较高，使其中白炽的固体粒子和某些不稳定（或受激发）的中间物质分子内的电子发生能级跃迁，从而发出各种波长的光。发光的气相燃烧区就是火焰，它是燃烧过程中最明显的标志。由于燃烧不完全等原因，气体产物中会混有微小颗粒，这样就形成了烟。

2. 燃烧的条件

物质燃烧过程的发生和发展，必须具备三个必要条件，即可燃物、助燃物和点火源。

（1）可燃物（还原剂）

凡是能与空气中的氧或其他氧化剂起燃烧反应的物质，均称为可燃物，例如，木材、氢气、汽油、煤炭、纸张、硫等。可燃物按其所处的物理状态可以分为气体可燃物、液体可燃物和固体可燃物三大类；按化学组成可以分为无机可燃物和有机可燃物。一般来说，可燃烧物质大多是含碳和氢的化合物，某些金属在一定条件下也可以燃烧，如镁、铝、钙等。

（2）助燃物（氧化剂）

凡是与可燃物结合能导致或能够支持燃烧的物质，都叫助燃物。普通的燃烧在空气中进行，助燃物是空气中的氧气。另外如高锰酸钾、氯气、过氧化钠、氯酸钾等也可以作为燃烧反应的氧化剂。

（3）点火源（引火源）

凡是能引起燃烧物燃烧的点燃能源，统称为点火源。常见的点火源有明火焰、电弧、电火花、炽热物体、高温加热、化学反应热、雷击等。

燃烧发生时，上述三个条件必须同时具备，用着火三角形来表示，如图1-1（a）所示。要发生燃烧，以上三个要素还必须达到一定的量，如点火源有足够的热量和一定的温度，助燃物和可燃物有一定的浓度和数量。

根据连锁反应理论，很多燃烧的发生和持续需要"中间体"游离基（自由基），即游离基也是这些燃烧不可或缺的条件，因此需要构建如图1-1（b）所示的着火四面体，才能更加准确地描述燃烧的条件。

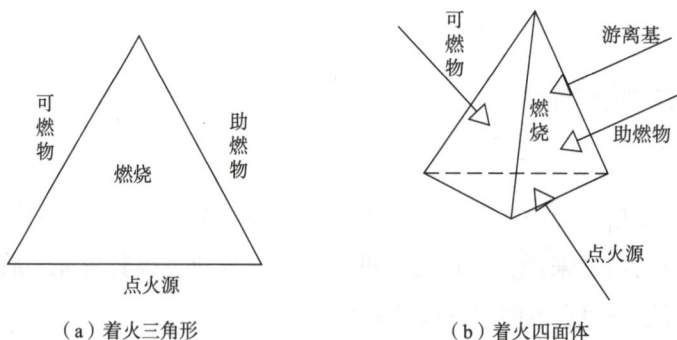

（a）着火三角形　　　　　　　（b）着火四面体

图1-1　着火三角形和着火四面体

1.1.2　燃烧的产物

燃烧的产物是指由于燃烧而生成的气体、液体和固体物质，它分为完全燃烧产物和不完全燃烧产物。完全燃烧产物是指可燃物中的碳（C）被氧化生成气体二氧化碳（CO_2）、氢（H_2）被氧化生成水（H_2O）、硫（S）被氧化生成SO_2（二氧化硫）等；而一氧化碳（CO）、氨（NH_3）、醇类、醛类、醚类等是不完全燃烧产物。燃烧产物主要以气态形式存在，其成分主要取决于燃烧条件（如空气是否充足）和可燃物的组成成分。

由于燃烧不完全等原因，燃烧产物中混有一些微小的颗粒（直径一般在10^{-7} ~ 10^{-4}cm），这种由燃烧或热解作用而产生的悬浮在大气中可见的细小固体或液体微粒称为烟。炭粒子的形成过程比较复杂，例如，碳氢可燃物在燃烧过程中，会因受热裂解产生一系列中间产物，中间产物还会进一步裂解成更小的碎片，这些小碎片会发生脱氢、聚合、环化等反应，最后形成石墨化炭粒子，构成了烟。

1.2　火灾的基本知识

1.2.1　火灾的定义及分类

火灾是指在时间或空间上失去控制的燃烧。火灾的分类方式如下所示：

1. 按照燃烧对象的性质分类

火灾按照燃烧对象的性质分类可分为 A、B、C、D、E、F 六类，如表 1-1 所示。

火灾按照燃烧对象的性质分类　　　　表 1-1

火灾类别	具体内容
A	固体物质火灾：这种物质通常具有有机物性质，一般在燃烧时能产生灼热的余烬，如木材、棉、毛、麻、纸张等火灾
B	液体或可熔化固体物质火灾：如汽油、煤油、原油、甲醇、乙醇、沥青、石蜡等火灾
C	气体火灾：如甲烷、乙烷、氢气、乙炔等火灾
D	金属火灾：如钾、钠、镁、钛、锆、锂等火灾
E	带电火灾：物体带电燃烧的火灾，如变压器等设备的电气火灾
F	烹饪器具内的烹饪物火灾：如动物油脂或植物油脂火灾

2. 按照火灾事故所造成的灾害损失程度分类

按照火灾事故所造成的灾害损失程度分类可分为特别重大火灾、重大火灾、较大火灾和一般火灾四类，如表 1-2 所示。

按照火灾事故所造成的灾害损失程度分类 表 1-2

火灾类别	死亡人数	重伤人数	直接经济损失
一般火灾	3 人以下	10 人以下	1000 万元以下
较大火灾	3 人以上 10 人以下	10 人以上 50 人以下	1000 万元以上 5000 万元以下
重大火灾	10 人以上 30 人以下	50 人以上 100 人以下	5000 万元以上 1 亿元以下
特别重大火灾	30 人以上	100 人以上	1 亿元以上

3. 按照引发火灾的直接原因分类

按照引发火灾的直接原因不同，可将火灾分为电气、生产作业不慎、生活用火不慎、吸烟、玩火、自燃、静电、雷击、放火、其他、原因不明共 11 种类型。

1.2.2 建筑火灾的发展与蔓延

1. 建筑火灾蔓延的传热基础

燃烧现象总是伴随着热量的传递。传热学理论认为，热量传递有热传导、热对流和热辐射 3 种基本方式。热量传递的形式与起火点、建筑材料、物质的燃烧性能和可燃物的数量等因素有关。

（1）热传导

热传导又称导热，属于接触传热，是指在热量传递过程中，物体各部分之间没有相对位移，仅依靠物质分子、原子及自由电子等微观粒子的碰撞、转动和振动等热运动方式产生热量从高温部分向低温部分传递的现象。在固体内部，只能依靠导热的方式传热；在流体中，尽管也有导热现象发生，但通常被对流运动所掩盖。不同物质的导热能力各异，通常用导热系数表示导热能力，单位为：[W/（m·K）]。导热系数用于描述材料导热能力的大小，指在稳定传热条件下，1m 厚的材料两侧表面温差为 1K 时，在 1s 内通过 $1m^2$ 面积传递的热量，通常用符号 λ 表示。同种物质的导热系数也会因材料的结构、密度、湿度、温度等因素的变化而变化。

（2）热对流

热对流又称对流，是指由于流体的宏观运动而引发的流体各部分之间发生相对位移，冷热流体相互掺混引起热量传递的方式。热对流中热量的传递与流体流动有密切的关系。由于流体中存在温度差，所以也必然存在导热现象，但导热在整个传热中处于次要地位。工程上常把具有相对位移的流体与所接触的固体表面之间的热传递过程称为对流换热。一般来说，在建筑发生火灾过程中，通风孔洞面积越大，热对流的速度越快；通风孔洞所处位置越高，对流速度越快。热对流对初起火灾的发展起重要作用。

（3）热辐射

物体因其自身温度而发出辐射能的现象称为热辐射。一切温度高于绝对零度的物体都能产生热辐射，温度越高，辐射出的总能量就越大。与热传导和热对流不同，热辐射在不需要相互接触时也能进行能量的传递，它是真空中唯一的传热方式。热辐射是促使建筑室内火灾及建筑之间火灾蔓延的重要形式。起火点附近与火焰不相接触又无中间导热物体作媒介而被引燃的可燃物，就是热辐射及热对流的结果。火场上的火焰、烟雾都能辐射热能，辐射热能的强弱取决于燃烧物质的热值和火焰温度。物质热值越大，火焰温度越高，热辐射也越强。辐射热作用于附近的物体上，能否引起可燃物质着火，要看热源的温度、距离和角度。

2. 建筑火灾的发展过程

绝大部分火灾是发生在建筑物内。火灾最初都是发生在建筑物内的某一区域或者房间内的某一点，随着时间增长，开始蔓延扩大到整个空间、整个楼层，甚至整座建筑物。

通常，室内平均温度随时间的变化可用曲线表示，用来说明建筑物室内的火灾发展过程。火灾的发生、发展趋势，可以分为阴燃阶段、火灾初起阶段、充分发展阶段、衰减阶段等，如图1-2所示。

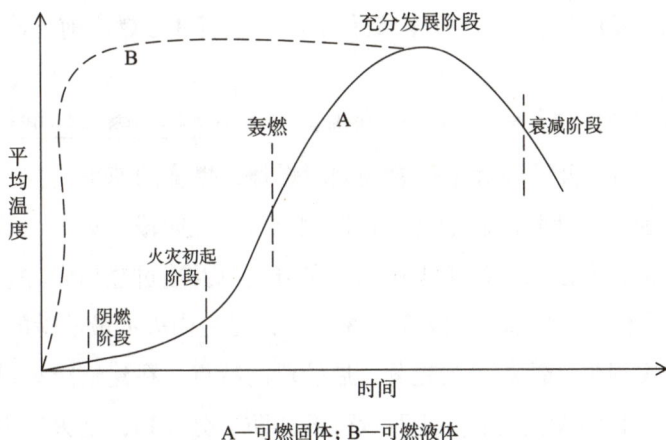

A—可燃固体；B—可燃液体

图1-2　建筑物室内火灾平均温度-时间曲线

（1）阴燃阶段

阴燃是指没有火焰的缓慢燃烧现象。很多固体物质，如纸张、锯末、纤维织物、纤维素板、胶乳橡胶以及某些多孔热固性塑料等，都有可能发生阴燃，尤其是当它们堆积起来的时候更容易发生阴燃。阴燃是固体燃烧的一种形式，是无可见光的缓慢燃烧，通常产生烟和温度上升等现象。在一定条件下阴燃可以转换成有焰燃烧。

（2）火灾初起阶段

当阴燃达到足够温度以及分解出了足够的可燃气体，阴燃就会转化成有焰燃烧。火灾初起阶段从室内出现明火算起。此阶段燃烧面积较小，只局限于着火点附近的可燃物燃烧，仅局部温度较高，室内各处的温度相差较大，平均温度较低，其燃烧状况与敞开环境中的燃烧状况差别不大。该阶段由于燃烧范围小，室内供氧相对充足，燃烧的速率主要受控于可燃物的燃烧特性，而与通风条件无关，因此，此阶段的火灾属于燃料控制型火灾。火灾初起阶段，是灭火和安全疏散最有利的时机，用较少的人力和简易灭火器材就能将火扑灭。

（3）充分发展阶段

室内燃烧持续一定时间后，如果燃料充足，通风良好，燃烧会继续发展，燃烧范围不断扩大，室内温度不断上升，当未燃的可燃物表面达到其热解温度后，开始分解释放出可燃气体。当室内温度继续上升到一定程度时，会出现燃烧面积和燃烧速率瞬间迅速增大，室内温度突增的现象，即轰燃。

轰燃是指房间内的所有可燃物几乎瞬间全部起火燃烧，火灾面积扩大到整个房间，火焰辐射热量最多，房间温度上升并达到最高点。火焰和热烟气通过开口和受到破坏的结构开裂处向走廊或其他房间蔓延。建筑物的不燃材料和结构的机械强度将明显下降，甚至发生变形和倒塌。轰燃是室内火灾最显著的特征之一，标志着室内火灾由初期阶段转变为充分发展阶段。对于安全疏散而言，人们若在轰燃之前还没有从室内逃出，则很难幸存。

进入充分发展阶段后，室内所有可燃物表面开始燃烧，室内温度急剧上升，可高达 $800 \sim 1000℃$。由于此阶段大量可燃物同时燃烧，燃烧的速率受控于通风口的大小和通风的速率，因此，此阶段属于通风控制型火灾。此阶段，火焰会从房间的门、窗等开口处向外喷出，沿走廊、吊顶迅速向水平方向以及通过竖向管井、共享空间等纵向空间蔓延扩散，使邻近区域受到火势的威胁。这是室内火灾最危险的阶段。

为了减少火灾损失，针对火灾充分发展阶段的特点，在建筑防火设计中应采取的主要措施是在建筑物内设置具有一定耐火性能的防火分隔物，把火灾控制在一定的范围内，防止火灾大面积蔓延；选用耐火程度较高的建筑结构作为建筑物的承重体系，确保建筑物发生火灾时保持坚固，为火灾中人员疏散、消防队扑救火灾、火灾后建筑物修复以及继续使用创造条件，并且还要防止火灾向相邻建筑蔓延。

（4）衰减阶段

在火灾全面发展阶段的后期，随着室内可燃物数量减少，燃烧速度减慢，燃烧强度减弱，温度逐渐下降。一般认为，当室内平均温度下降到其峰值的80%时，火灾进入衰减阶段。最后，由于燃料基本耗尽，有焰燃烧逐渐无法维持，室内只剩一堆炽热焦化后的炭持续无焰燃烧，其燃烧速度已变得相当缓慢，直至燃烧完全熄灭。

该阶段前期，燃烧仍十分猛烈，火灾温度仍很高。针对该阶段的特点，应注意防止建筑构件因较长时间受高温作用和灭火射水的冷却作用而出现裂缝、下沉、倾斜或倒塌破坏，确保消防人员的人身安全。

3. 建筑火灾的蔓延途径

建筑物内某房间发生火灾，当发展到轰燃之后，火势猛烈，就会突破该房间的限制向其他建筑发展，火灾的蔓延途径包括水平和竖直两个方向。

（1）水平蔓延

在建筑的着火房间内，主要因火焰直接接触、延烧或热辐射作用等使火灾在水平方向蔓延。在着火房间外，主要因防火分隔构件直接燃烧、被破坏或隔热作用失效，烟火从着火房间的开口蔓延进入其他空间后，因高温热对流等作用导致火灾在水平方向蔓延。建筑火灾在水平方向上的蔓延，主要有三种途径：通过内墙门蔓延、通过隔墙蔓延、通过吊顶蔓延。

（2）竖向蔓延

延烧和烟囱效应是造成火灾竖向蔓延的主要原因。建筑火灾在竖直方向上的蔓延主要有以下几种途径：

①通过楼梯间、电梯井或其他竖井孔洞蔓延

建筑内部的楼梯间、电梯井、管道井、电缆井、垃圾井、排气道、中庭等竖向通道和空间，往往贯穿建筑的多个楼层或整个建筑，如果没有进行合理、完善的防火分隔或封堵，一旦发生火灾，会产生较强烈的烟囱效应，导致火灾和烟气在竖向迅速蔓延。特别是对于高层建筑，烟囱效应导致的火灾竖向蔓延是使火灾迅速蔓延至整栋建筑的主要途径。防止火灾在建筑内部竖向蔓延主要是对竖向贯穿多个楼层的井道或开口进行防火封堵和分隔、设置防火门、防火卷帘等。

②通过空调系统管道蔓延

建筑通风空调系统未按规定设防火阀，采用可燃材料风管或采用可燃材料做保温层等，都容易造成火灾蔓延。因此，在通风管道穿过防火分区处，一定要设置具有自动关闭功能的防火阀门。

③通过窗口向上层蔓延

火灾中的高温羽流也会促使火焰窜出外窗，通过建筑的外墙上的开口向上层蔓延。一方面，由于火焰与外墙面之间的空气受热逃逸形成负压，周围冷空气的压力致使烟火贴墙面而上，使火蔓延到上一层，甚至越层向上蔓延。另一方面，由于火焰贴附外墙面，致使热量透过墙体引燃起火层上面一层房间内的可燃物。建筑的外窗形状、大小以及挑檐设置情况对火势蔓延有很大影响。当窗口高宽比较小时，火焰或热气流贴附外墙面的现象明显，使火势更容易向上发展。

1.2.3 火灾的危害

1. 危害生命安全

建筑物火灾会对人的生命安全构成严重威胁，包括热危害、有毒气体危害、能见度影响、建筑构件的坍塌等。

（1）热危害

建筑物采用的许多可燃性材料，在起火燃烧时会产生高温高热。由火焰产生的热空气及气体，会导致人体烧伤、热虚脱、脱水及呼吸道闭塞（水肿）。热危害主要来自于三个方面：火焰与温度、热辐射以及热对流。烧伤主要因火焰的直接接触与热辐射，对邻接区域内人员产生直接威胁。烟气温度对于火场内及邻接区域的人员皆具危险性，一般超过66℃便难以忍受，导致消防人员救援及室内人员逃生迟缓。

（2）有毒气体危害

建筑内可燃材料燃烧过程中释放出的一氧化碳等有毒烟气，人吸入后会产生呼吸困难、头痛、恶心、神经系统紊乱等症状，威胁生命安全。

（3）能见度影响

火灾发生后，会产生大量烟气，而烟气中往往含有大量的固体颗粒，从而使烟气具有一定的遮光性。火场中的能见度主要由烟气的浓度决定，同时还受到烟气的颜色、物体的亮度、背景的亮度以及观察者对光线的敏感程度等因素的影响。火场中能见度的下降，会影响疏散人员在火场中做出正确判断，导致疏散速度下降。

（4）建筑构件的坍塌

建筑物经长时间燃烧后，达到甚至超过了承重构件的耐火极限，导致建筑整体或部分构件坍塌，造成人员伤亡。

2. 造成经济损失

火灾造成的经济损失以建筑火灾为主，体现在以下几个方面：

（1）火灾烧毁建筑物内的财物，破坏设施设备，甚至会因火势蔓延使整幢建筑物化为废墟。一些精密仪器、棉纺织物等还会因受火灾烟气的侵蚀造成永久性破坏，无法再次使用。

（2）建筑物火灾产生的高温高热，将造成建筑结构的破坏，甚至引起建筑物整体倒塌。

（3）扑救建筑火灾所用的水、干粉、泡沫等灭火剂，不仅本身是一种资源损耗，而且将使建筑内的财物遭受水浸、污染等损失。

（4）建筑火灾发生后，建筑修复重建、人员善后安置、生产经营停业等，会造成巨大的间接经济损失。

3. 破坏文明成果

一些历史保护建筑、文化遗址一旦发生火灾，除了会造成人员伤亡和经济损失外，还会使大量文物、典籍、古建筑等稀世瑰宝面临烧毁的威胁，这将对人类文明成果造成无法挽回的损失。

1.3　防火和灭火的基本原理与方法

根据燃烧基础理论，可燃物、助燃物和点火源三个条件必须同时具备且相互作用，燃烧才能发生。防火和灭火的基本原理，是基于对燃烧条件理论运用的结果。其中，防火原理在于限制燃烧条件的形成，灭火原理则是破坏已触发的燃烧条件。

1.3.1　防火的基本原理和方法

1. 防火的基本原理

根据燃烧条件理论，防火的基本原理为限制燃烧必要条件和充分条件的形成，只要防止形成燃烧条件，或避免燃烧条件同时存在并相互结合作用，就可达到预防火灾的目的。

2. 防火的基本方法

防火的基本方法及具体措施，如表 1-3 所示。

防火的基本方法及具体措施　　　　　　　　　　　　　　表 1-3

序号	方法	原理	具体措施
1	控制可燃物	可燃物是燃烧过程的物质基础，控制可燃物就是使燃烧三要素中不具备可燃物条件或缩小燃烧范围	用不燃或难燃材料代替可燃材料；用阻燃剂对可燃材料进行阻燃处理，改变其燃烧性能；限制可燃物质储运量等
2	隔绝助燃物	隔绝助燃物就是使燃烧三要素中缺少助燃条件（即氧化剂）	充装惰性气体保护生产或储运有爆炸危险物品的容器、设备等；密闭有可燃介质的容器、设备；采用隔绝空气等特殊方法储存某些易燃易爆危险物品；隔离与酸、碱、氧化剂等接触能够燃烧爆炸的可燃物和还原剂
3	消除点火源	消除点火源就是使燃烧三要素中不具备引起燃烧的火源	防止撞击火星和控制摩擦生热，设置火星熄灭装置和静电消除装置；防止和控制高温物体；防止日光照射和聚光作用；安装避雷、接地设施，防止雷击等

1.3.2 灭火的基本原理和方法

1. 灭火的基本原理

根据燃烧条件理论,灭火的基本原理就是破坏已经形成的燃烧条件,即消除助燃物、降低燃烧物温度、中断燃烧链式反应、阻止火势蔓延扩散,不形成新的燃烧条件,从而使火灾熄灭,最大限度地减少火灾的危害。

2. 灭火的基本方法

灭火的基本方法及具体措施,如表 1-4 所示。

灭火的基本方法及具体措施 表 1-4

序号	方法	原理	具体措施
1	隔离法	把可燃物与引火源或氧气隔离开来,燃烧区得不到足够的可燃物就会自动熄灭	将火源周边未着火物质搬移到安全处;拆除与火源相连接或毗邻的建(构)筑物;迅速关闭流向着火区的可燃液体或可燃气体的管道阀门,切断液体或气体输送来源;用沙土等堵截流散的燃烧液体等
2	窒息法	各种可燃物的燃烧都必须在一定的氧气浓度以上才能进行,否则燃烧就不能持续进行。一般氧浓度低于15%时,就不能维持燃烧。通过降低燃烧物周围的氧气浓度可以起到灭火的作用	用灭火毯、沙土、水泥、湿棉被等不燃或难燃物覆盖燃烧物;向着火的空间灌注非助燃气体,如二氧化碳、氮气、水蒸气等;向燃烧对象喷洒干粉、泡沫、二氧化碳等灭火剂覆盖燃烧物;封闭起火建筑、设备和孔洞等
3	冷却法	冷却灭火法的原理是将相应的灭火剂直接喷射到燃烧的物体上,将燃烧区的温度降低到可燃物的燃点之下,使燃烧停止,或者将灭火剂喷洒在火源附近的物质上,使其不因火焰热辐射作用而形成新的火点	将直流水、开花水、喷雾水直接喷射到燃烧物上;向火源附近的未燃烧物不间断地喷水降温;对于物体带电燃烧的火灾可喷射二氧化碳灭火剂冷却降温
4	化学抑制法	化学抑制灭火法的原理是使灭火剂参与到燃烧反应中去,它可以销毁燃烧过程中产生的游离基,形成稳定分子或低活性游离基,从而使燃烧反应终止,达到灭火的目的	往燃烧物上喷射七氟丙烷灭火剂、六氟丙烷灭火剂或干粉灭火剂等,中断燃烧链式反应

复习思考题

1. 简述燃烧的本质及条件。

2. 简述灭火的基本原理和方法。

气体灭火系统基础知识

第2章

学习目标

1. 掌握气体灭火剂的分类及选用原则；
2. 掌握气体灭火系统的组成、分类及工作原理；
3. 掌握气体灭火系统防护区的设置要求。

气体灭火系统涵盖了该系统的定义、工作原理、系统组成、常用气体灭火剂类型与特点、灭火机理、应用场景、安装与验收要求以及使用注意事项。它是一套以气体为灭火介质，通过降低氧气浓度、冷却火焰温度或抑制化学反应等机制扑灭火灾的系统，广泛应用于机房、数据中心、石油化工和电力等领域，确保设备和环境安全。

2.1 气体灭火剂

2.1.1 气体灭火剂分类及选用原则

气体灭火剂可以由一种气体组成，也可以由多种气体组成。气体灭火剂按其物理性质可以分为两种类型，即液化气体灭火剂和非液化气体灭火剂。液化气体灭火剂指在室温（20℃）和容器压力下呈液态的灭火剂，如卤代烃类物质；非液化气体灭火剂是指在室温（20℃）和容器压力下呈气态的灭火剂，如惰性气体等。液化气体具有较高的沸点和较低的蒸气压，多数液化气体灭火剂的蒸气压在1MPa以下，因而灭火剂贮存容器需要用氮气（N_2）增压至2.5MPa或4.2MPa。非液化气体具有较低的沸点和较高的蒸气压，灭火剂贮存容器不需增压。

气体消防设施充装使用的气体灭火剂应符合国家有关规定，并应优先选择符合下列要求的洁净气体灭火剂：

（1）对大气和水土环境等应无危害。

（2）不破坏大气臭氧层，其臭氧耗减潜能值（ODP）应小于或等于 0.05，ODP 等于 0 者应优先选用。

（3）不产生温室效应或温室效应相对较小，其温室效应潜能值（GWP）应小于 CO_2（CO_2 的 GWP 等于 1），GWP 等于 0 者应优先选用。

（4）对人体应无毒性危害，或仅有轻微影响，无毒或微毒者应优先选用。

（5）不可燃，灭火效能较高，设计灭火浓度较低，设计灭火浓度接近 5%（体积分数）和在 10s 内能灭火者应优先选用。

（6）喷射后应能全部汽化、闪蒸，在防护区封闭空间内各方向分布迅速、均匀。

（7）不导电，其击穿电压和绝缘电阻应合格。

（8）灭火后不得含有固相和液相残留物，对被保护现场和设备应无污损。

（9）存储稳定性（包括耐热稳定性和化学稳定性）良好，对金属的腐蚀性较小。

（10）与弹性密封元器件的相容性良好，长久封存不应发生气体灭火剂泄漏。

（11）若有能完全达到上述各项要求的可直接代用的卤代烷替代物，应优先选用。

2.1.2 常用气体灭火剂的灭火机理

气体灭火剂的灭火机理分为物理作用和化学作用。物理作用主要是冷却作用和通过降低燃烧区中氧的浓度到维持燃烧所需低氧浓度值以下，实现窒息灭火。化学作用在于减少和惰化火焰中的活性自由基的数量，实现断链灭火。下面主要介绍 4 类常见气体灭火剂的灭火机理。

1. 二氧化碳灭火剂

二氧化碳（CO_2）灭火主要在于窒息，其次是冷却。在常温常压条件下，二氧化碳的物态为气相，当储存于密封高压气瓶中，低于临界温度 31.4℃时，是以气、液两相共存的。在灭火过程中，二氧化碳从储存气瓶中释放出来，压力骤然下降，使得二氧化碳由液态转变成气态，分布于燃烧物的周围，稀释空气中的氧气（O_2）含量。当燃烧区域空气中氧气的含量低于 12% 或者二氧化碳含量达到 30%～35% 时，大多数燃烧物质火焰会熄灭，二氧化碳含量达到 43.6% 时能抑制汽油蒸气及其他易燃气体的爆炸。

同时，由于二氧化碳是在高压液化状态下充装于钢瓶的，当从钢瓶中放出时，二氧化碳会迅速蒸发，温度急剧降低到 -78.5℃，有 30% 二氧化碳凝结成雪花状固体，低温的气态和固态二氧化碳，对燃烧物也有一定的冷却作用。

2. 七氟丙烷灭火剂

七氟丙烷灭火剂是一种无色无味、不导电的气体，其化学分子式为 CF_3CHFCF_3，其密度大约是空气密度的 6 倍，可在一定压力下呈液态储存，是目前使用最为广泛的卤代烷灭火剂。该灭火剂为洁净灭火剂，在大气中的残留时间较短，不会破坏大气臭氧层，释放后无残余物，不会污染环境和保护对象。

七氟丙烷灭火剂的灭火机理为抑制化学链反应，能在火焰的高温中分解，产生活性游离基 $F_2\cdot$ 等参与物质燃烧过程中的化学反应，消除燃烧所必需的活性游离基 $H\cdot$ 和 $OH\cdot$ 等，生成稳定的分子 H_2O、CO_2 及活性较低的游离基 $R\cdot$ 等，从而使燃烧过程中化学连锁反应的链传递中断而灭火。同时，当七氟丙烷灭火剂喷射到保护区后，液态灭火剂迅速转变成气态，吸收大量热量，从而显著降低了保护区和火焰周围的温度。

3. 以 IG541 为代表的惰性气体灭火剂

IG541 混合气体灭火剂属于物理灭火剂，一般由 52% 的氮气（N_2）、40% 的氩气（Ar）和 8% 的二氧化碳（CO_2）组成。混合气体释放后，将防护区内氧气浓度降至 15% 以下，大部分可燃物将停止燃烧。同时二氧化碳浓度升至 4%，二氧化碳比例提高，将加快人的呼吸速率，提高人体吸收氧气的能力，从而补偿环境气体中的氧气浓度，降低对人体的伤害程度。IG541 混合气体是一种无色透明的气体，喷放时不会影响视野，利于逃生，且不产生温差和腐蚀性分解物，不会对保护设备构成伤害，在防护区内的工作人员仍能正常地呼吸，是目前公认的最理想的绿色环保灭火剂之一。

4. 全氟己酮灭火剂

全氟己酮是一种新型的灭火剂，在常温常压下为液态，无色无味，容易气化，释放后不留残余物，具备高效灭火，环保、洁净等优良性能；绝缘性好，对电子设备影响较小，适应于精密电子设备灭火。但是也存在吸水后裂解腐蚀金属部件；常温下为液态，不能自动扩散并渗透等问题。

全氟己酮灭火剂的灭火原理主要包括热传递抑制、氧浓度降低、化学抑制和隔绝空气等多个方面。全氟己酮灭火剂在灭火过程中能够迅速形成一层致密的覆盖层，隔绝空气与燃烧物表面的接触，从而有效地抑制了燃烧进行。此外，全氟己酮分子具有较好的稳定性，不易分解，从而保证了其在长时间内对燃烧的抑制效果。

2.2　气体灭火系统组成、分类与工作原理

2.2.1　气体灭火系统组成

气体灭火系统由灭火剂储存装置、启动分配装置、输送释放装置、监控装置等组成，如图 2-1 所示。

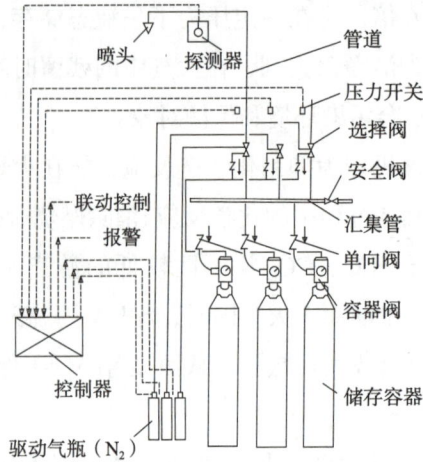

图 2-1　气体灭火系统组成示意图

2.2.2　气体灭火系统的分类

1. 按使用分类

按灭火剂的使用分类可分为：二氧化碳灭火系统，七氟丙烷灭火系统、惰性气体灭火系统（IG100 灭火系统、IG55 灭火系统、IG541 灭火系统）等。

2. 按系统的结构特点分类

（1）无管网灭火系统

无管网灭火系统是指按一定的应用条件，将灭火剂储存装置和喷放组件等预先设计、组装成套且具有联动控制功能的灭火系统，又称预制灭火系统，如图 2-2 所示。

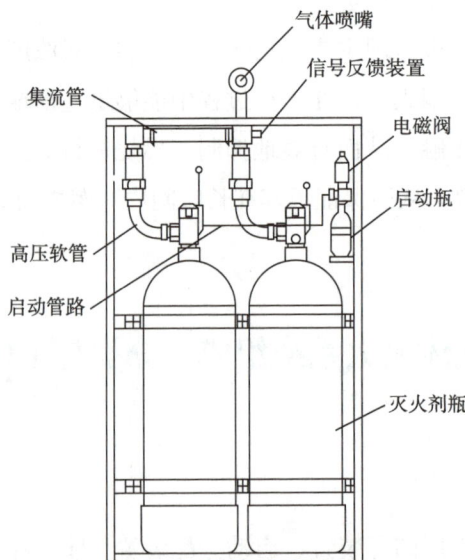

图 2-2　无管网灭火系统构成示意图

无管网灭火系统分柜式和悬挂式两种类型，适用于较小的、无特殊要求的防护区。

①柜式无管网灭火系统

柜式无管网灭火系统由柜式预制灭火装置、火灾探测器（感温探测器、感烟探测器）、火灾自动报警灭火控制器等组成，如图2-3所示。

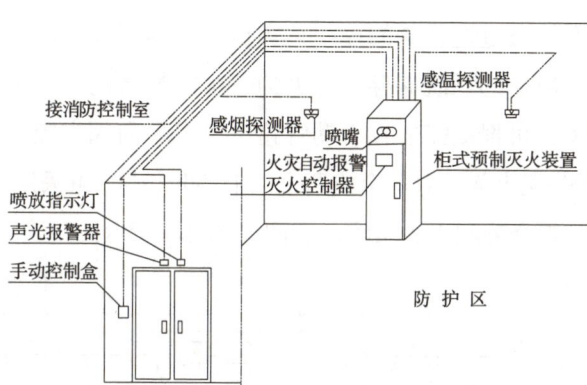

图2-3 柜式无管网灭火系统

柜式无管网灭火系统不需要单独设置储瓶间，储气瓶及整个系统均设置在防护区内。火警发生时，装置直接向防护区内喷放灭火剂。该灭火系统适用于计算机房、档案库、贵重物品库、电信数据中心等面积较小的防护空间。对原有建筑进行功能改造需增设气体灭火系统时，采用柜式无管网灭火系统更经济、更合理、更快捷。除对防护区空间实施保护外，无管网灭火系统也可根据工程实际需要设计成对机房架空地板、吊顶内空间等特殊部位的保护。

②悬挂式无管网灭火系统

悬挂式无管网灭火系统是由灭火剂贮存容器、启动释放组件、悬挂支架（座）等组成，可采用悬挂或壁挂式安装，能自动或手动（电气启动或机械应急启动）启动喷放气体灭火剂的灭火装置。

（2）管网灭火系统

管网灭火系统是指按一定的应用条件进行计算，将灭火剂从储存装置经由干管、支管输送至喷放组件实施喷放的灭火系统。管网灭火系统又可分为组合分配系统和单元独立系统。

①组合分配灭火系统

组合分配灭火系统是指用一套灭火系统储存装置通过管网的选择分配，保护两个或两个以上防护区的灭火系统。组合分配灭火系统简图如图2-4所示。

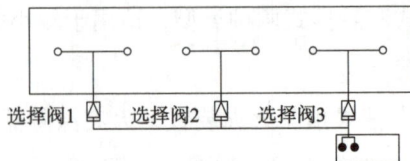

图 2-4　组合分配灭火系统简图

组合分配灭火系统通过选择阀的控制，实现灭火剂释放到着火的防护区。系统灭火剂储存用量按其中所需的系统储存量最大的一个防护区的储存量来确定。对于较小的防护区或保护对象，可根据需要在启动管路中设置单向阀来控制打开储存容器的数量，以释放全部或部分灭火剂。对两个或两个以上的防护区，可采用组合分配灭火系统，节省工程投资费用。组合分配灭火系统示意图如图 2-5 所示。

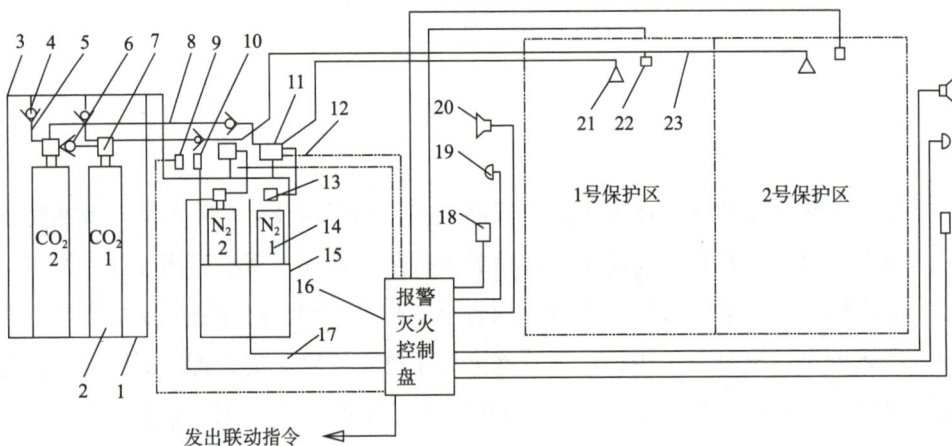

图 2-5　组合分配灭火系统示意图

1—灭火剂储瓶框架；2—灭火剂储瓶；3—集流管；4—液流单向阀；5—软管；6—气流单向阀；7—瓶头阀；
8—启动管道；9—压力信号器；10—安全阀；11—选择阀；12—信号反馈线路；13—电磁阀；14—启动钢瓶；
15—QXT 启动瓶框架；16—报警灭火控制盘；17—控制线路；18—手动控制盒；19—光报警器；20—声报警器；
21—喷嘴；22—火灾探测器；23—灭火剂输送管道

②单元独立灭火系统

单元独立灭火系统是指用一套灭火剂储存装置保护一个防护区的灭火系统，如图 2-6 所示。采用单元独立灭火系统可提高其安全可靠性能，但投资较大。另外，单元

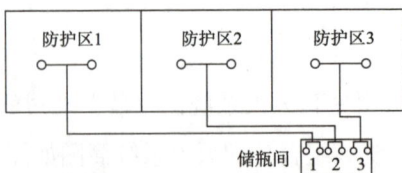

图 2-6　单元独立灭火系统简图

独立灭火系统管路布置简单，维护管理较方便。

3.按应用方式分类

（1）全淹没灭火系统

全淹没灭火系统是指在规定的时间内，向防护区喷射一定浓度的气体灭火剂，并使其均匀地充满整个防护区的灭火系统。全淹没灭火系统的喷头均匀布置在防护区的顶部，火灾发生时，喷射的灭火剂与空气的混合气体迅速在此空间内建立有效扑灭火灾的灭火浓度，并将灭火剂浓度保持所需要的时间，即通过灭火剂气体将封闭空间淹没实施灭火。

全淹没灭火系统由灭火剂储存容器、容器阀、管道、喷头、自动控制系统及附属装置等组成。系统的灭火剂储存容器宜设在专用的储瓶间或装置设备间内。

（2）局部应用灭火系统

局部应用灭火系统是指向保护对象以设计喷射率直接喷射气体灭火剂，并持续一定时间的灭火系统。局部应用灭火系统的喷头均匀布置在保护对象的四周，火灾发生时，将灭火剂直接喷射到保护对象上，使其笼罩在整个保护对象外表面，即在保护对象周围局部范围内达到较高的灭火剂气体浓度以实施灭火（图2-7）。局部应用灭火系统保护房间内或室外的某一设备（局部区域），就整个房间而言，灭火剂气体浓度远远达不到灭火浓度。

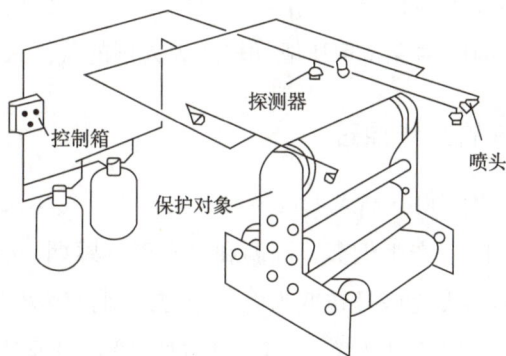

图2-7 局部应用灭火系统示意图

4.按加压方式分类

（1）自压式气体灭火系统

自压式气体灭火系统是指灭火剂无须加压而是依靠自身饱和蒸气压力进行输送的灭火系统。如IG541、IG100、IG55、IG01、二氧化碳灭火系统等，如图2-8所示。

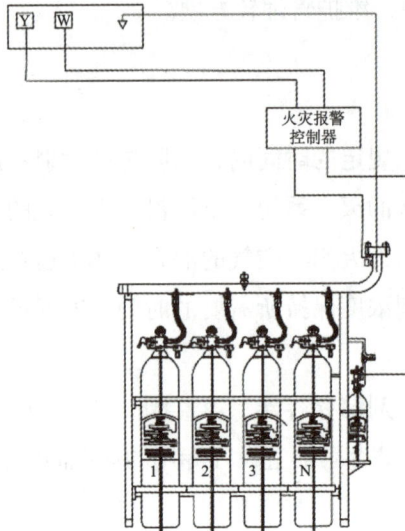

图 2-8　单元独立 IG100 灭火系统

（2）内储压式气体灭火系统

内储压式气体灭火系统是指灭火剂在瓶组内用惰性气体进行加压储存，系统动作时灭火剂靠瓶组内的充压气体进行输送的灭火系统，如贮压式六氟丙烷、七氟丙烷、卤代烷 1301 气体灭火系统等。

（3）外储压式气体灭火系统

系统动作时灭火剂由专设的充压气体（一般为氮气）瓶组按设计压力对灭火剂瓶组进行增压，并在规定时间内保持恒压驱动输送灭火剂的气体灭火系统。

2.2.3　气体灭火系统的工作原理

1. 高压二氧化碳灭火、内储压式七氟丙烷灭火与惰性气体灭火系统

当防护区发生火灾时，产生烟雾、高温和光辐射。感烟、感温、感光等探测器探测到火灾信号。探测器将火灾信号转变为电信号传送到报警灭火控制器，控制器自动发出声光报警并经逻辑判断后启动联动装置，经过一段时间延时，发出系统启动信号，启动驱动气体瓶组上的容器阀释放驱动气体，打开通向发生火灾的防护区的选择阀，同时打开灭火剂瓶组的容器阀。各瓶组的灭火剂经连接管汇集到集流管，通过选择阀到达安装在防护区内的喷头进行喷放灭火。同时安装在管道上的信号反馈装置动作，将信号传送到控制器，由控制器启动防护区外的释放警示灯和警铃。另外，通过压力开关监测系统是否正常工作，若启动指令发出，而压力开关的信号未反馈，则说明系统存在故障，值班人员应在接到事故报警后尽快到储瓶间，手动开启储存容器上的容器阀，实施人工启动灭火。

2.外储压式七氟丙烷灭火系统

控制器发出系统启动信号，启动驱动气体瓶组上的容器阀释放驱动气体，打开通向发生火灾的防护区的选择阀，同时打开加压单元气体瓶组的容器阀。加压气体经减压进入灭火剂瓶组。加压后的灭火剂经连接管汇集到集流管，通过选择阀到达安装在防护区内的喷头进行喷放灭火。

气体灭火系统控制流程如图 2-9 所示。系统控制方式分为：自动控制、手动控制、机械应急启动、紧急启动/停止。

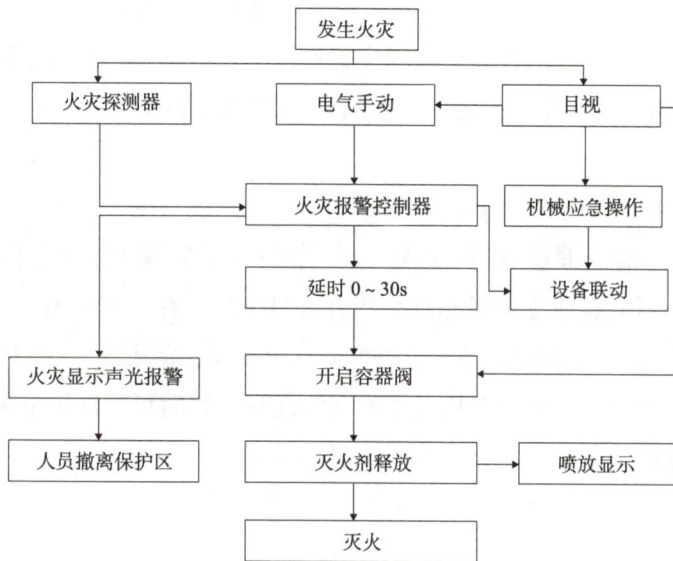

图 2-9　气体灭火系统控制流程图

（1）自动控制方式

气体灭火控制器配有感烟火灾探测器和感温火灾探测器。控制器上有控制方式选择锁，当将其置于"自动"位置时，气体灭火控制器处于自动控制状态。当只有一种探测器发出火灾信号时，控制器即发出火灾声光报警信号，通知有异常情况发生，而不启动灭火装置释放灭火剂。如确需启动灭火装置灭火时，可按下"紧急启动按钮"，启动灭火装置释放灭火剂实施灭火。当两种探测器同时发出火灾信号时，控制器发出火灾声光信号，通知有火灾发生，有关人员应撤离现场，并发出联动指令，关闭风机、防火阀等联动设备，经过一段时间（延时）后，即发出灭火指令，打开电磁阀，喷放气体打开容器阀，释放灭火剂实施灭火；如在报警过程中发现不需要启动灭火装置，可按下保护区外或控制器操作面板上的"紧急停止按钮"，即可终止灭火指令。

（2）手动控制方式

将控制器上的控制方式选择锁置于"手动"位置时，气体灭火控制器处于手动控制状态。当火灾探测器发出火警信号时，控制器即发出火灾声光报警信号，而不启动灭火装置，需经人员观察，确认火灾已发生时，可按下保护区外或控制器操作面板上的"紧急启动按钮"，启动灭火装置释放灭火剂实施灭火。此时报警信号仍存在。无论装置处于自动或手动状态，按下任何紧急启动按钮，都可启动灭火装置释放灭火剂实施灭火，同时控制器立即进入灭火报警状态。

（3）机械应急启动方式

在控制器失效且值守人员判断为火灾时，应立即通知现场所有人员撤离，在确定所有人员撤离现场后，方可按以下步骤实施机械应急启动：手动关闭联动设备并切断电源；打开对应保护区选择阀；成组或逐个打开对应保护区储瓶组上的容器阀，即可实施灭火。

（4）紧急启动／停止方式

该方式适用于以下紧急状态：情况一，当值守人员发现火情而气体灭火控制器未发出声光报警信号时，应立即通知现场所有人员撤离，在确定所有人员撤离现场后，方可按下紧急启动／停止按钮，系统立即实施灭火操作；情况二，当气体灭火控制器发出声光报警信号并正处于延时阶段，如发现为误报火警时可立即按下紧急启动／停止按钮，系统将停止实施灭火操作，避免不必要的损失。

2.3　气体灭火系统防护区的设置要求

2.3.1　防护区的划分

防护区是指能满足全淹没灭火系统要求的有限封闭空间。防护区的划分应根据封闭空间的结构特点、数量和位置来确定，宜以单个封闭空间划分。因为在极短的灭火剂喷放时间里，两个及两个以上空间难于实现灭火剂浓度的均匀分布，会延误灭火时间，或造成灭火失败。同一区间的吊顶层和地板下需同时保护时，可合为一个防护区。若相邻的两个或两个以上封闭空间之间的隔断不能阻止灭火剂流失而影响灭火效果，或不能阻止火灾蔓延，则应将这些封闭空间划为一个防护区，如图 2-10 所示。

图 2-10　防护区的划分

防护区的面积不应过大。当采用管网灭火系统时，一个防护区的面积不宜大于 800m²，且容积不宜大于 3600m³；当采用预制灭火系统时，一个防护区的面积不宜大于 500m²，且容积不宜大于 1600m³。当纯天然气体类（IG 系列）和氢氟烃类（如七氟丙烷）气体灭火系统的两个或两个以上的防护区采用组合分配灭火系统时，一个组合分配灭火系统所保护的防护区数量不得超过 8 个。二氧化碳组合分配灭火系统的防护区数量不宜大于 5 个。当防护区数量大于上述规定时，应设 100% 的灭火剂备用量。单台供氮装置的注氮控氧防火系统的有管网组合分配灭火系统保护的防护区数量不应超过 8 个，所有防护区的总容积不宜大于 8000m³。《气体消防设施选型配置设计规程》CECS 292：2011 第 6.1.1 条规定了气体灭火系统防护区的面积与容积，见表 2-1。

气体灭火系统防护区的面积与容积 　　表 2-1

气体灭火系统名称		管网系统		预制系统	
		防护区面积	防护区容积	防护区面积	防护区容积
IG541		800m²	3600m³	—	—
七氟丙烷	内贮压式系统	800m²	3600m³	500m²	1600m³
	外贮压式系统	1200m²	4800m³	—	—
二氧化碳		无具体规定			
三氟甲烷		1000m²	4000m³	200m²	800m³
IG100		1000m²	4500m³	100m²	400m³
六氟丙烷		800m²	2600m³	500m²	1600m³
间接式火探管式气体灭火系统		—	—	—	100m³
直接式火探管式气体灭火系统		—	—	—	10m³（含电气设备柜内）
注氮控氧防火系统		—	8000m³（指所有防护区的总容积）	—	单台 540m³ 多台 1000m³

2.3.2　防护区设置要求

1. 防护区环境温度

《气体灭火系统设计规范》GB 50370—2005 第 3.2.10 条规定：防护区的最低环境温度不应低于 –10℃。当防护区内温度低于灭火剂沸点时，施放的灭火剂将以液态形式存在。防护区的温度越低，灭火剂的气化速度越慢，从而延长灭火剂在防护区内的均匀化分布时间，影响了它和火焰接触、分解的时间，降低了灭火速度，同时还会造成灭火剂的流失。

但是固体的气溶胶发生剂在启动、产生热气溶胶速率等方面受温度和压力的影响不显著，通常对使用热气溶胶的防护区环境温度可以放宽到不低于 –20℃。但温度低于 0℃时会使热气溶胶在防护区的扩散速度降低，此时要对热气溶胶的设计灭火密度进行必要的修正。设置预制灭火系统的防护区的环境温度应为 –10 ~ 50℃。

《二氧化碳灭火系统设计规范》GB 50193—93（2010 年版）中仅对二氧化碳灭火系统储存装置的环境温度有要求，对防护区的环境温度没有明确要求。但是二氧化碳灭火剂设计用量与环境温度有很大关系。《二氧化碳灭火系统设计规范》GB 50193—93（2010 年版）规定：当防护区的环境温度超过 100℃时，二氧化碳的设计用量应在正常计算值的基础上每超过 5℃增加 2%。当防护区的环境温度低于 –20℃时，二氧化碳的设计用量应在正常计算值的基础上每降低 1℃增加 2%。

2. 防护区的耐火性能

为了保证全淹没系统能将建筑物内的火灾全部扑灭，为了防止保护区外发生的火灾蔓延到防护区内，防护区的建筑物构件应有足够的耐火时间，以保证在完全灭火所需时间内，不致使建筑物在火灾扑灭前被烧坏，使防护区的密闭性受到破坏，造成灭火剂流失或火灾蔓延。

完成灭火所需要的时间，一般包括火灾探测时间、探测出火灾后到施放灭火剂之前的延迟时间、施放灭火剂时间、保持灭火剂设计浓度的浸渍时间。《气体灭火系统设计规范》GB 50370—2005 规定：防护区围护结构及门窗的耐火极限均不宜低于 0.5h；吊顶的耐火极限不宜低于 0.25h。当防护区的相邻区域设有水喷淋或其他灭火系统时，其隔墙或外墙上的门窗的耐火极限可低于 0.5h，但不应低于 0.25h。当吊顶层与工作层划为同一防护区时，吊顶的耐火极限不做要求。

3. 防护区的耐压性能及防护区泄压

在全密闭空间施放灭火剂时，空间内的压强会迅速增加，若超过了建筑构件的承受能力，就会使防护区封闭性能遭到破坏，并造成灭火剂流失、灭火失败和火灾蔓延等严重后果。因此《气体灭火系统设计规范》GB 50370—2005 对防护区围护结构的耐压性能做了相应规定：防护区围护结构承受内压的允许压强，不宜低于 1200Pa。为防止防护区内发生火灾时，较高充压压力的容器因升温过快而发生危险，规定防护区内设置的预制灭火系统的充压压力不应大于 2.5MPa。

《气体灭火系统设计规范》GB 50370—2005 中规定的"热气溶胶灭火剂"在实施灭火时所产生的气体量比七氟丙烷和 IG541 要少 50% 以上，再加上喷放相对缓慢，不会造成防护区内压力急速上升。因此，采用热气溶胶灭火系统保护的防护区，其围护结构不需要考虑耐超压的性能。

气体灭火剂喷入防护区内，会显著地增加防护区的内压，如果没有适当的泄压口，防护区的围护结构将可能承受不起增长的压力而遭破坏。防护区设置的泄压口，宜设在外墙上。由于七氟丙烷、IG541 等密度比空气大，其灭火系统的泄压口应位于防护区净高的 2/3 以上。泄压口面积按相应气体灭火系统设计规定计算。

《二氧化碳灭火系统设计规范》GB 50193—93（2010 年版）中提出：采用二氧化碳全淹没灭火系统保护的大多数防护区，都不是完全封闭的，有门窗的防护区一般都有缝隙存在，通过门窗四周缝隙所泄漏的二氧化碳，可防止空间内压力过量升高，这种防护区一般不需要再开泄压口。已设有防爆泄压口的防护区，也不需要再设泄压口。

4. 防护区火灾时的密闭性能

为保证在灭火剂喷放过程中以及喷放后的灭火时间内，均能保持防护区内的可燃物全部淹没在具有所需灭火浓度的灭火剂中，采用全淹没灭火系统保护的防护区应为相对封闭的空间。这要求防护区的外围护结构应具有在灭火剂释放时及灭火期间保持其封闭的性能。

防护区的围护结构在超过外部大气压的情况下仍应具有良好的密闭性能，要求在防护区的围护结构上尽量不设置开口，不应设置敞开的孔洞。需要设置的工艺开口、门窗和通风空调系统的风口和阀门，应保证其在灭火系统启动前或同时能自动关闭（如与火灾自动报警系统或灭火系统的启动装置联动关闭）和手动关闭，避免灭火剂流失，影响系统的灭火效果。考虑到气体灭火剂密度多大于空气密度，开口不应位于防护区的下部和底部，应尽量位于被保护对象高度以上。

《二氧化碳灭火系统设计规范》GB 50193—93（2010 年版）规定：对气体、液体、电气火灾和固体表面火灾，在喷放二氧化碳前不能自动关闭的开口，其面积不应大于防护区总内表面积的 3%，且开口不应设在底面。对固体深位火灾，除泄压口以外的开口，在喷放二氧化碳前应自动关闭。采用二氧化碳全淹没方式灭深位火灾时，必须是封闭的空间才能建立起防护区内所需的灭火设计浓度，并能保持住一定的抑制时间，使燃烧彻底熄灭，不再复燃，否则就无法达到这一目的。

5. 防护区的安全措施

为了消除静电的危害和防止电气故障，气体灭火系统经过有爆炸危险场所和变配电场所的管网，以及布设在以上场所的金属箱体等，应当有消除静电的接地。《惰性气体灭火系统技术规程》CECS 312：2012 规定：灭火系统组件和灭火剂输送管道与带电设备之间的最小间距应符合表 2-2 的规定。

防护区或保护对象应设置与灭火系统联动控制的火灾自动报警系统。设有消防控制室的场所，各防护区灭火控制系统的有关信息，应传送给消防控制室。在经常有人的防护区内设置的无管网灭火系统，应设有切断自动控制系统的手动装置。

灭火系统组件和灭火剂输送管道与带电设备之间的最小间距　　表 2-2

带电设备额定电压（kV）	最小间距（cm）
13.8	17.8
46	43.2
115	106.7
345	213.4
330	2.90
500	3.60

　　防护区应当设置能够使人员在 30s 内撤离防护区的疏散通道和安全出口，在防护区内的疏散通道及出口，应当设置应急照明与疏散指示标志。防护区的门应当向疏散方向开启，并能够自行关闭，用于疏散的门必须能够在防护区内打开。防护区内应设火灾声报警器，必要时可增设闪光报警器。防护区的入口处应设声光报警器和灭火剂施放指示灯，以及采用相应气体灭火系统防护区的永久性标志牌。报警时间不宜小于灭火过程所需的时间，并能手动切除报警信号。灭火剂施放指示灯信号，应保持到防护区通风换气后，以手动方式解除。

　　设置气体灭火系统的场所，应当配置专用的空气呼吸器或氧气呼吸器，以备人员救护之用。空气呼吸器不必按照防护区配置，可按建筑物或灭火剂储瓶间或楼层酌情配置，宜设两套。灭火后的防护区内，应及时通风换气。未经过充分通风换气的防护区内，人员不得贸然进入，以免造成窒息事故。地下防护区和无窗或设固定窗扇的地上防护区以及地下储瓶间，应当设置机械排风装置，排风口宜设在防护区的下部并直通室外。通信机房、电子计算机房等场所的通风换气次数不应少于 5 次 /h。

复习思考题

1. 气体灭火剂可分为哪几类？
2. 气体灭火系统由哪几部分组成，其分类和工作原理是什么？
3. 气体灭火系统中防护区设置应符合哪些要求？

泡沫灭火系统基础知识

第3章

学习目标

1. 掌握泡沫灭火剂的组成及分类；
2. 掌握泡沫灭火系统分类与工作原理；
3. 掌握泡沫产生装置和泡沫比例混合装置的作用及工作原理。

泡沫灭火系统是一种广泛应用于各种火灾场景的灭火技术，其基本原理主要是利用泡沫的覆盖和窒息作用，将泡沫灭火剂与水混合后产生的大量泡沫施放到着火对象上，降低燃烧物质的温度，使燃烧物质与空气隔绝，从而达到灭火的目的。泡沫灭火系统特别适用于扑救易燃、可燃液体火灾，如石油、化工、仓库等场所的火灾。

3.1 泡沫灭火剂

3.1.1 泡沫灭火剂的基本组分及其作用

泡沫灭火剂通常由发泡剂、稳泡剂、耐液添加剂、助溶剂与抗冻剂、其他添加剂等组成。氟蛋白与成膜类泡沫灭火剂还添加氟碳表面活性剂。

发泡剂是泡沫灭火剂中的基本组分，蛋白类泡沫的发泡剂为动物（主要是猪）毛与蹄角粒的水解蛋白；合成泡沫为各种类型的碳氢表面活性物质，日化品中常有应用，作用是使泡沫灭火剂的水溶液易发泡。

稳泡剂是指具有延长和稳定泡沫保持长久性能的表面活性剂，它的作用是提高泡沫的持水时间，增强泡沫的稳定性。

耐液添加剂主要应用于抗溶泡沫，一般为抗醇性高分子化合物（黄原胶），其作用是灭水溶性液体火灾时，泡沫析液中的高分子生物多糖能在水溶性液体表面形成胶膜，保护上面泡沫免受脱水而消泡。

助溶剂与抗冻剂一般为乙二醇、乙二醇丁醚、异丙醇等醇类或醇醚类物质,使泡沫灭火剂体系稳定、泡沫均匀、抗冻性好。

泡沫灭火剂中还有泡沫改进剂、防腐败剂、防腐蚀剂等添加剂。所有泡沫灭火剂配成预混液后,有效期会大大缩短,尤其是蛋白类泡沫灭火剂,很快会腐败,所以通常应以原液状态储存。

3.1.2　泡沫灭火剂分类

1. 按发泡机制分类

泡沫灭火剂按发泡机制的不同,分为化学泡沫灭火剂和空气泡沫灭火剂。化学泡沫灭火剂是利用化学反应的方法产生泡沫的;空气泡沫灭火剂是利用泡沫产(发)生装置吸入或吹进空气而生成泡沫的。空气泡沫灭火剂一般为液态,通常称其为泡沫液。

2. 按发泡倍数分类

泡沫灭火剂按发泡倍数可分为低倍数泡沫灭火剂、中倍数泡沫灭火剂和高倍数泡沫灭火剂。

低倍数泡沫灭火剂的发泡倍数在 20 倍以下,按其适用燃烧物类型的不同分为普通泡沫灭火剂和抗溶泡沫灭火剂。普通泡沫灭火剂主要适用于扑救非水溶性甲、乙、丙类液体火灾;抗溶泡沫灭火剂除具有普通泡沫灭火剂功能外,主要用于扑救醇、酯、醛、酮等水溶性甲、乙、丙类液体火灾。水成膜泡沫灭火剂按其适用水源情况分为耐海水型和不耐海水型。

中倍数泡沫灭火剂的发泡倍数为 21～200 倍,高倍数泡沫灭火剂的发泡倍数为 201～1000 倍。高倍数泡沫灭火剂与中倍数泡沫灭火剂一般情况下共用,形成一种合成型泡沫液。按其适用水源情况的不同分为耐海水型和不耐海水型;按发泡所适用空气状况的不同分为耐烟型和不耐烟型。

3. 按混合比分类

泡沫灭火剂与水按一定比例混合后的溶液被称为泡沫混合液。泡沫灭火剂在泡沫混合液中的体积百分比被称为混合比。常见的泡沫灭火剂混合比以 3% 和 6% 为主。

3.1.3　常用泡沫灭火剂

1. 蛋白泡沫灭火剂

蛋白泡沫灭火剂是由动物的蹄、角等动、植物蛋白质水解产物为基料制成的泡沫灭火剂,用于扑救诸如原油、汽油、柴油、苯、甲苯等非水溶性甲、乙、丙类液体火灾，也可扑救如纸张、木材等 A 类火灾。但蛋白泡沫灭火剂的泡沫流动性和疏油性较差。

2. 氟蛋白泡沫灭火剂

在蛋白泡沫液中添加氟碳表面活性剂即可制成氟蛋白泡沫灭火剂，氟蛋白泡沫灭火剂与蛋白泡沫灭火剂相比，其泡沫流动性与封闭性好，灭火效能显著提高，可用于液下喷射泡沫系统，并能与干粉联合使用。

3. 抗溶氟蛋白泡沫灭火剂

抗溶氟蛋白泡沫灭火剂是在氟蛋白泡沫灭火剂的基础上添加了高分子多糖和其他添加剂等制成的，它兼有氟蛋白泡沫灭火剂和凝胶型抗溶泡沫灭火剂的特点，主要用于扑救水溶性甲、乙、丙类液体火灾，也可用于扑救非水溶性甲、乙、丙类液体火灾和 A 类火灾。

4. 成膜氟蛋白泡沫灭火剂

成膜氟蛋白泡沫灭火剂是以水解蛋白为基础，添加适宜的氟碳表面活性剂制成的，它具有蛋白泡沫灭火剂抗烧性能好的优点，同时还具有成膜性，它作为高性能的氟蛋白泡沫灭火剂，可配非吸气式泡沫喷射装置使用，灭火性能优于氟蛋白泡沫灭火剂。

5. 抗溶成膜氟蛋白泡沫灭火剂

抗溶成膜氟蛋白泡沫灭火剂是在成膜氟蛋白泡沫灭火剂的基础上，添加高分子抗醇化合物制成的，主要用于扑救水溶性甲、乙、丙类液体火灾。当其被用于扑救非水溶性甲、乙、丙类液体火灾时，可视为普通成膜氟蛋白泡沫灭火剂。

6. 水成膜泡沫灭火剂

水成膜泡沫灭火剂主要适用于扑灭汽油、煤油、柴油、苯等非水溶性甲、乙、丙类液体火灾。由于其渗透性强，它对于 A 类火灾比纯水的灭火效率高，所以也适用于扑灭木材、织物、纸张等燃烧引起的 A 类火灾。

7. 抗溶水成膜泡沫灭火剂

抗溶水成膜泡沫灭火剂主要用于扑救水溶性甲、乙、丙类液体火灾，也可用于扑救非水溶性甲、乙、丙类液体火灾和 A 类火灾。

8. A 类泡沫灭火剂

A 类泡沫灭火剂是指专门为扑救 A 类火灾而设计的一种低混合比的灭火剂，在扑救最常见的 A 类火灾时具有灭火速度快、用水量小、水渍损失低等优点。

3.2 泡沫灭火系统组成、分类与工作原理

3.2.1 泡沫灭火系统组成及设备型号一般规定

1. 泡沫灭火系统组成

泡沫灭火系统主要由消防水泵、泡沫灭火剂储存装置、泡沫比例混合装置、泡沫产生装置及管道等组成，如图 3-1 所示。

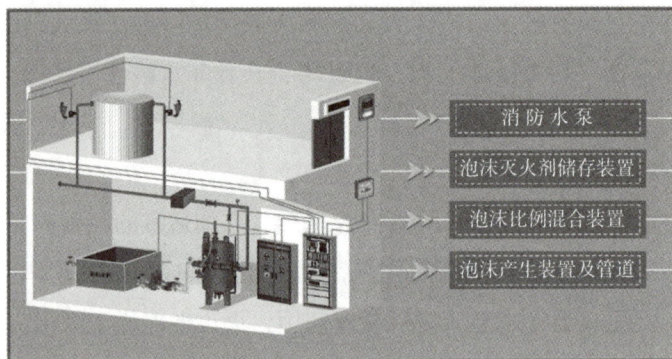

图 3-1 泡沫灭火系统组成示意图

泡沫灭火系统设备分为通用设备和专用设备，通用设备主要是消防水泵等除泡沫灭火系统外其他消防系统也使用的设备；专用设备一般是指泡沫比例混合装置和泡沫产生装置等只在泡沫灭火系统使用的设备。

2. 泡沫灭火系统设备型号一般规定

（1）泡沫灭火系统设备型号的编制

泡沫灭火系统设备型号是根据《消防产品型号编制方法》GN11—82 编制的。其型号由类、组、特征代号与主参数等部分组成，如图 3-2 所示。类、组、特征代号用其有代表性的汉字的大写汉语拼音字头表示。为了简化型号，每组内仅有一个品种不加特征代号；主参数是反映该设备的主要技术性能或主要结构的参数，用阿拉伯数字表示。

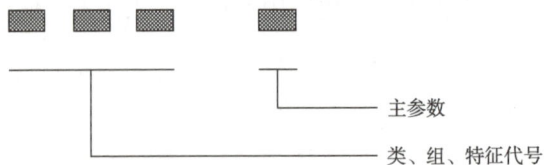

图 3-2 泡沫灭火设备型号的编制

（2）设备涂色规定

系统主要组件宜按下列规定涂色：

①泡沫混合液泵、泡沫液泵、泡沫比例混合器（装置）、泡沫液储罐、泡沫产生器、压力开关、泡沫液管道、泡沫混合液管道、泡沫管道、管道过滤器宜涂红色。

②泡沫消防水泵、给水管道宜涂绿色。

③当管道较多，泡沫系统管道与工艺管道涂色有矛盾时，可涂相应的色带或色环。隐蔽工程管道可不涂色。

3.2.2　泡沫灭火系统的分类

按照泡沫倍数的不同，泡沫灭火系统可分为低倍数、中倍数和高倍数泡沫灭火系统。按照系统组件的安装方式的不同，泡沫灭火系统可分为固定式系统、半固定式系统和移动式系统，固定式系统和半固定式系统多用于储罐区。对于低倍数泡沫灭火系统，工程中，按应用对象的不同，一般又分为储罐区低倍数泡沫灭火系统、泡沫 - 水喷淋系统、泡沫喷雾系统、泡沫枪及泡沫炮系统；对于中倍数和高倍数泡沫灭火系统，按应用方式不同，又可分为全淹没系统、局部应用系统和移动式系统。

1. 低倍数泡沫灭火系统

（1）按泡沫喷射方式分类

①液上喷射系统

液上喷射系统是指将泡沫产生装置产生的泡沫在导流装置的作用下，从燃烧液体上方喷射到罐内，并顺着罐壁流下，覆盖到燃烧油品表面，从而实现灭火的系统。固定式液上喷射泡沫灭火系统如图 3-3 所示。

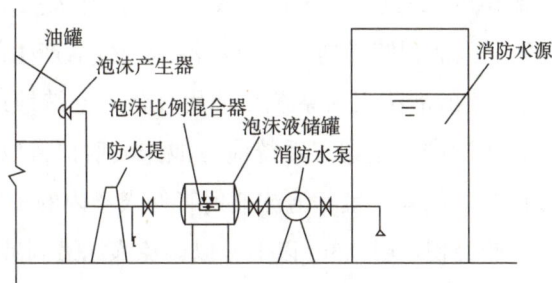

图 3-3　固定式液上喷射泡沫灭火系统

该系统由泡沫产生器、泡沫比例混合器、泡沫混合液管道、泡沫液储罐、消防水泵、消防水源等组成，其工作过程是：油罐起火后，自动或手动启动消防水泵（混合液泵），打开出口阀门，水流经过泡沫比例混合器后，将泡沫液与水按规定比例混合形成混合液，然后经混合液管道输送至泡沫产生器，产生的泡沫沿油罐内壁流淌至燃烧油面上，将油面覆盖，从而实施灭火。另外，灭火同时还必须对着火罐和邻近罐进行冷却。

液上喷射系统是目前国内应用最为广泛的一种形式，适用于各类非水溶性甲、乙、丙类液体储罐和水溶性甲、乙、丙类液体的固定顶或内浮顶储罐。它具有结构较简单、安装检修便利、易调试且各种类型的泡沫液均可使用等优点，其缺点是系统的泡沫产生器和部分管线易受到储罐燃烧爆炸的破坏而失去灭火作用。

②液下喷射系统

液下喷射系统是指将高背压泡沫产生器产生的泡沫，通过泡沫喷射管从燃烧液体液面下输送到泡沫液储罐内，泡沫在初始动能和浮力的作用下浮到燃烧液表面实施灭火的系统。固定式液下喷射泡沫灭火系统如图 3-4 所示。

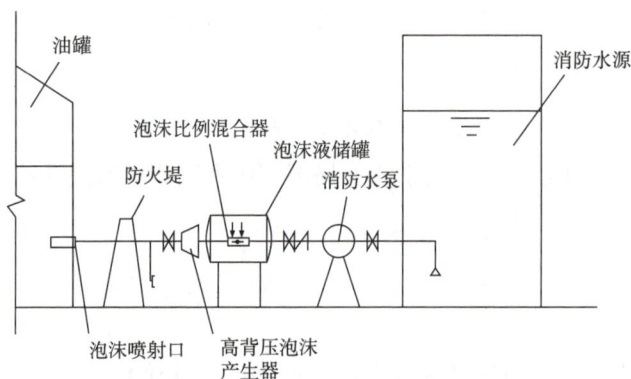

图 3-4　固定式液下喷射泡沫灭火系统

该系统由泡沫喷射口、高背压泡沫产生器、泡沫比例混合器、消防水泵、泡沫管道、混合液管道、消防水源等组成，其工作过程与液上喷射泡沫灭火系统完全相同。

由于泡沫是从液面下施加到储罐内，高背压泡沫产生器产生的泡沫的发泡倍数需要控制为 2～4 倍。液下喷射泡沫灭火系统须选用氟蛋白泡沫液或水成膜泡沫液，其泡沫产生器应采用高背压泡沫产生器。系统应有泡沫喷射口，以便将泡沫喷入罐内。泡沫喷射口宜采用向上 45° 的斜口型，泡沫喷射管伸入罐内的长度不得小于其直径的 20 倍，安装高度应位于储罐积水层 0.3m 以上，以避免泡沫遭到破坏。

液下喷射泡沫灭火系统适用于非水溶性液体固定顶储罐，不适用于水溶性液体和其他对普通泡沫有破坏作用的甲、乙、丙类液体固定顶储罐，这是因为泡沫注入该类液体后，由于该类液体分子的脱水作用而使泡沫遭到破坏，无法浮升到液面实施灭火。液下喷射泡沫灭火系统也不适用于外浮顶和内浮顶储罐，因为浮顶会阻碍泡沫的正常分布。

与液上喷射泡沫灭火系统相比，该系统具有许多优点：一是泡沫产生器安装在储罐的防火堤外，储罐一旦先爆炸后燃烧时，系统不易受到破坏，从而提高了可靠度；二是由于泡沫是从液下到达燃烧液面，不通过高温火焰，不沿灼热的罐壁流入，减少了泡沫的损失，提高了灭火效率；三是泡沫在上浮过程中，使罐内冷油和热油对流，起到一定的冷却作用，有利于灭火。

③半液下喷射泡沫灭火系统

半液下喷射泡沫灭火系统是将一轻质软管卷存于液下喷射管内，当使用时，在泡沫压力和浮力的作用下，软管漂浮到燃液表面，使泡沫从燃液表面上释放出来实现灭火，如图3-5所示。

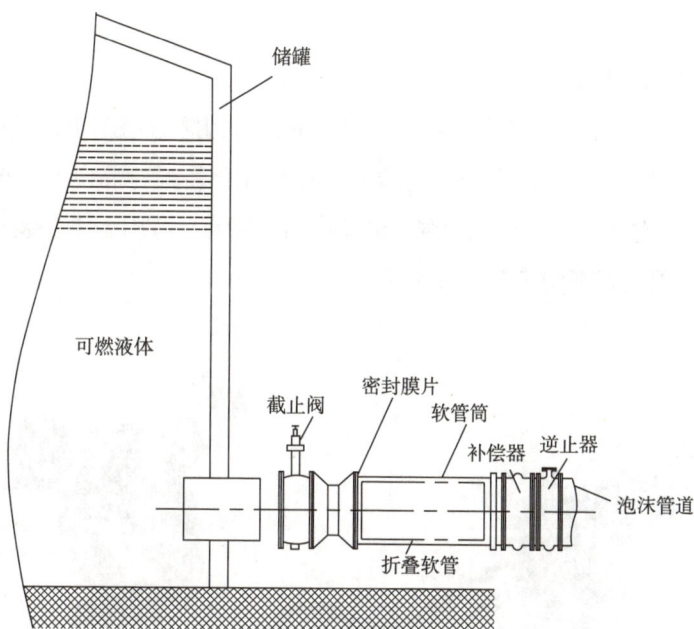

图3-5 半液下喷射泡沫灭火系统

半液下喷射泡沫灭火系统主要是为水溶性甲、乙、丙类液体固定顶储罐而设计的，它同样适用于非水溶性甲、乙、丙类液体固定顶储罐。但由于其结构比液下喷射泡沫灭火系统复杂，一般非水溶性甲、乙、丙类液体固定顶储罐不采用。

④泡沫喷淋灭火系统与闭式泡沫-水喷淋联用系统

泡沫喷淋灭火系统是一种以泡沫喷头为喷洒装置的自动低倍泡沫灭火系统。闭式泡沫-水喷淋系统如图3-6所示。该系统是将压力式比例混合装置接入到自动喷水系统中构成联用系统。它主要由消防加压泵组、湿式报警阀、信号闸阀、水流指示器、喷头、各类控制阀、管道及附件和火灾探测、报警控制系统等组成，其工作原理与雨淋系统类似。该系统主要用来扑救室内外甲、乙、丙类液体初期溢流火灾。

图 3-6　闭式泡沫 - 水喷淋系统

⑤固定泡沫炮灭火系统

固定泡沫炮灭火系统由安装在固定支座（平台、消防炮塔）上的消防炮和相应配套的动力源、控制装置、消防泵组、泡沫液储存与混合装置、混合液供水管网等组成，具有射程远、保护范围大、灭火能力强、机动灵活等特点，适用于工艺装置区、储罐区、油码头等场合。固定式消防炮如图 3-7 所示。

图 3-7　固定式消防炮

固定泡沫炮灭火系统近几年发展较快，根据其操作控制方式，该系统可分为远控系统和手动系统两种。

远控固定泡沫炮灭火系统是指控制装置人可远距离操作控制消防炮的俯仰和旋转的固定泡沫炮灭火系统。该系统可保证灭火操作人员避免火灾的威胁，适用于具有爆炸危险性和火灾后人员接近时可能威胁其安全或难以及时到达固定式消防炮位的场所。

手动固定泡沫炮灭火系统是指没有远控能力，在火场上由人来操作消防炮的俯仰和旋转的固定泡沫炮灭火系统。其适用于无爆炸危险性和火灾后人员接近时不会威胁其安全并能及时到达固定式消防炮位的场所。

（2）按系统组件的安装方式分类

按系统组件的安装方式分类，泡沫灭火系统又可分为固定式泡沫灭火系统、半固定式泡沫灭火系统和移动式泡沫灭火系统。目前，固定式泡沫灭火系统、半固定式泡沫灭火系统多用于储罐区的低倍数泡沫灭火系统。

①固定式泡沫灭火系统

固定式泡沫灭火系统是指由固定的泡沫消防水泵、泡沫比例混合器（装置）、泡沫产生器（或喷头）和管道等组成的灭火系统。对于储罐区来说，固定式泡沫灭火系统是指消防水源、泡沫消防泵、泡沫比例混合器、泡沫产生器等设备或组件通过固定管道连接起来，永久安装在使用场所，当被保护的储罐发生火灾需要使用时，不需其他临时设备配合的泡沫系统。

固定式泡沫灭火系统具有启动及时、安全可靠、长期处于应急状态，且操作方便及自动化程度高等优点。但固定式泡沫灭火系统投资大，设备利用率低，平时维护管理复杂。

②半固定式泡沫灭火系统

半固定式泡沫灭火系统是指由固定的泡沫产生器与部分连接管道，泡沫消防车或机动消防泵与泡沫比例混合器，用水带连接组成的灭火系统，如图 3-8 所示。

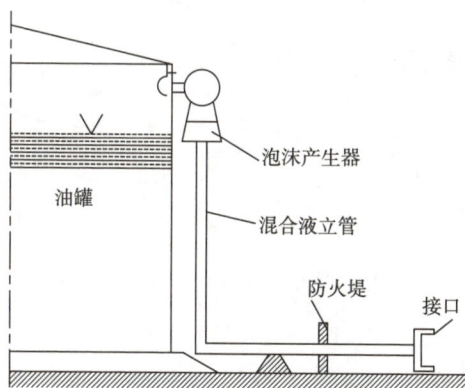

图 3-8 半固定式泡沫灭火系统组成示意图

对于储罐区来说，半固定式泡沫灭火系统是将泡沫产生器或将带控制阀的泡沫管道永久性安装在储罐上，通过固定管道连接并引到防火堤外的安全处，且安装上固定接口，当被保护储罐发生火灾时，用消防水带将泡沫消防车或其他泡沫供给设备与固定接口连接起来，通过泡沫消防车或其他泡沫供给设备向储罐内供给泡沫实施灭火的系统。半固定式泡沫灭火系统的工作过程如图 3-9 所示。

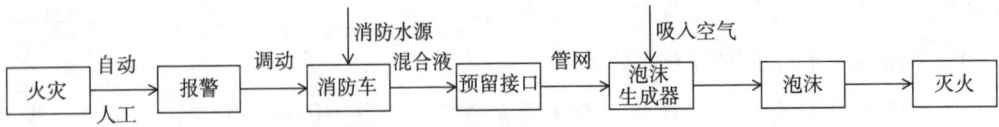

图 3-9 半固定式泡沫灭火系统的工作过程

半固定式泡沫灭火系统具有设备简单、节省投资、不需经常维护、管理方便、机动灵活等特点。与移动式泡沫灭火系统相比，其灭火效率高，操作便利，火场上劳动强度低。但与固定式泡沫灭火系统相比，其扑救火灾不及时，不适用于特别大的储罐。采用半固定式泡沫灭火系统时，其储罐区应有足够的消防力量和充足的消防水源，灭火需要的泡沫液一般由消防车携带（若使用泵浦消防车，还应配备泡沫液）。另外，预留接口应设在防火堤外，接口上应有闷盖。

③移动式泡沫灭火系统

移动式泡沫灭火系统是指在被保护对象上未安装固定泡沫产生器或泡沫管道，当发生火灾时，靠泡沫消防车、其他移动泡沫供给设备或有压水源连接泡沫枪或泡沫炮等装置向被保护对象供给泡沫实施灭火的系统，如图 3-10 所示。

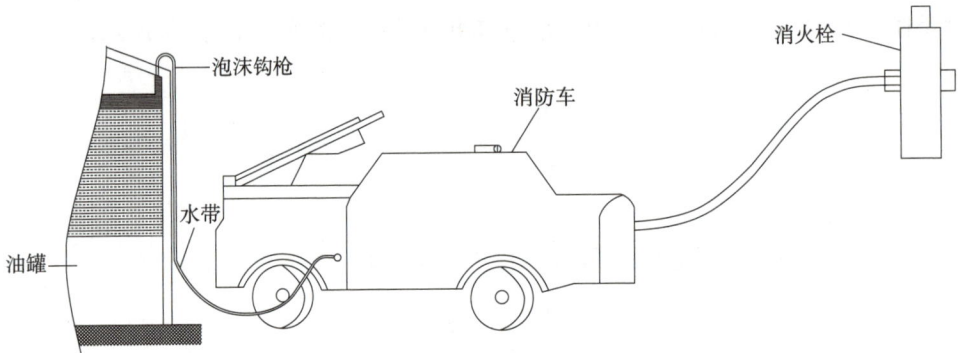

图 3-10 移动式泡沫灭火系统示意图

2. 中倍数泡沫灭火系统

中倍数泡沫灭火系统主要有两种类型：局部应用式中倍数泡沫灭火系统、移动式中倍数泡沫灭火系统。

（1）局部应用式中倍数泡沫灭火系统

局部应用式中倍数泡沫灭火系统由固定或半固定中倍数泡沫产生器、泡沫比例混合器、消防泵组、管路及其附件等组成，通过固定或半固定的中倍数泡沫产生器直接或通过导泡筒将泡沫喷放到火灾部位实施灭火。该系统适用保护场所包括：大范围内的局部封闭空间；大范围内的局部设有阻止泡沫流失围挡设施的场所；流散的 B 类火灾场所；不超过 100m² 流淌的 B 类火灾场所。

（2）移动式中倍数泡沫灭火系统

移动式中倍数泡沫灭火系统是由水罐消防车或手抬机动泵、比例混合器或泡沫消防车、手提式或车载式泡沫产生器、泡沫液桶、水带及其附件等组成，可通过移动式中倍数泡沫产生装置直接或通过导泡筒将泡沫喷放到火灾部位，实施灭火。该系统适用场所包括：发生火灾的部位难以确定或人员难以接近的较小火灾场所；流散的 B 类火灾场所；不超过 100m² 流淌的 B 类火灾场所。

3. 高倍数泡沫灭火系统

高倍数泡沫灭火系统如图 3-11 所示，按灭火时泡沫覆盖方式及设备安装方式分为以下 3 种类型。

图 3-11 高倍数泡沫灭火系统

（1）全淹没式高倍数泡沫灭火系统

全淹没式高倍数泡沫灭火系统是指由固定的高倍数泡沫产生装置将高倍数泡沫喷放到封闭或被围挡的防护区内，并在规定的时间内达到一定泡沫淹没深度的泡沫灭火系统。该系统适用于保护在不同高度上都存在火灾危险性的大范围的封闭空间和大范围内设有阻止泡沫流失的固定围墙或其他围挡设施的局部场所，如仓库、高架库房、汽车库、飞机检修库、工业生产厂房以及地下工程等。

（2）局部应用式高倍数泡沫灭火系统

局部应用式高倍数泡沫灭火系统是指高倍数泡沫产生装置直接或通过导泡筒将泡沫喷放到火灾部位的灭火系统，其组成与全淹没式高倍数泡沫灭火系统相同。该系统所保护对象的表面高度差不大，如储罐区的防火堤、矿口、沟渠等处。其适用于：大范围内的局部封闭空间，如地下室、地板下面的空间、发动机试验室、封闭的发电机组、大型仓库或厂房中某个需要重点保护的区域；没有完全封闭空间的火灾，如扑救或控制由可燃液体、液化石油气及普通 A 类可燃物的火灾。

（3）移动式高倍数泡沫灭火系统

移动式高倍数泡沫灭火系统是指由移动式高倍数泡沫产生装置直接或通过导泡筒将泡沫喷放到火灾部位的灭火系统。该系统的装置可以是车载式，也可以是便携式。发生火灾时，由消防车携带一台或数台高倍数泡沫产生器及与之配套使用的泡沫比例混合器、泡沫液桶、导泡筒等，利用水带、分水器等将这些设备连接好，在确保消防车的供水压力下，即可产生泡沫，进行灭火。移动式高倍数泡沫灭火系统适用于：发生火灾的部位难以确定或人员难以接近的火灾场所；流淌的 B 类火灾场所；发生火灾时需要排烟、降温或排除有害气体的封闭空间。

4. 泡沫 - 水喷淋系统和泡沫喷雾系统

（1）泡沫 - 水喷淋系统

泡沫 - 水喷淋系统是由喷头、报警阀组、水流报警装置（水流指示器或压力开关）等组件，以及管道、泡沫液与水供给设施组成，并能在发生火灾时按预定时间与供给强度向防护区依次喷洒泡沫与水的自动灭火系统。与自动喷水灭火系统相同，泡沫 - 水喷淋系统可分为闭式系统和雨淋系统，闭式系统又可分为泡沫 - 水预作用系统、泡沫 - 水干式系统和泡沫 - 水湿式系统。泡沫 - 水喷淋系统主要是在自动喷水灭火系统的基础上增加了泡沫液供给系统和泡沫比例混合器（装置），其他系统组件和自动喷水灭火系统相同。泡沫 - 水喷淋系统可用于具有非水溶性液体泄漏火灾危险的室内场所，存放量不超过 $25L/m^2$ 或超过 $25L/m^2$ 但有缓冲物的水溶性液体室内场所。

（2）泡沫喷雾系统

泡沫喷雾系统是采用离心雾化型水雾喷头，在发生火灾时能按预定时间与供给强度向被保护设备或防护区喷洒泡沫的自动灭火系统，泡沫喷雾灭火装置如图 3-12 所示。泡沫喷雾系统可用于保护独立变电站的油浸电力变压器、面积不大于 $200m^2$ 的非水溶性液体室内场所。泡沫喷雾灭火装置由泡沫液储罐、氮气瓶组、单向阀、减压阀、安全阀、分区控制阀、水雾喷头、压力表、集流管、连接管件以及火灾探测器、火灾报警控制器等部件组成，是一套能够独立完成火灾探测报警、自动或手动启动泡沫喷雾灭火的系统装置。

图 3-12　泡沫喷雾灭火装置

3.2.3　泡沫灭火系统工作原理及泡沫产生装置

1. 泡沫灭火系统工作原理

泡沫灭火系统主要靠隔离、窒息和冷却等作用灭火，泡沫的发泡倍数不同，其灭火机理有所区别。低倍数泡沫主要通过泡沫的遮盖作用将燃烧液体与空气隔离实现灭火；高倍数泡沫主要是通过密集状态的大量高倍数泡沫封闭火灾区域，阻断新空气流入达到窒息灭火。中倍数泡沫的灭火机理取决于其发泡倍数和使用方式，当以较低的倍数用于扑救可燃液体流淌火灾时，其灭火机理与低倍数泡沫相同；当以较高的倍数用于全淹没方式灭火时，其灭火机理与高倍数泡沫相同。由于泡沫析液基本是水，灭火同时伴有冷却作用，以及灭火过程中产生的水蒸气起到窒息灭火作用。

泡沫灭火系统的主要工作原理是：火灾发生后，经火灾探测与启动控制装置，或者手动启动装置，启动泡沫消防水泵、比例混合装置及相关控制阀门，向系统供给消防水，消防压力水经过泡沫比例混合装置和泡沫液混合形成泡沫混合液，泡沫混合液经管道输送至泡沫产生装置产生灭火泡沫，将其施加到保护对象进行灭火。泡沫灭火系统灭火过程如图 3-13 所示。

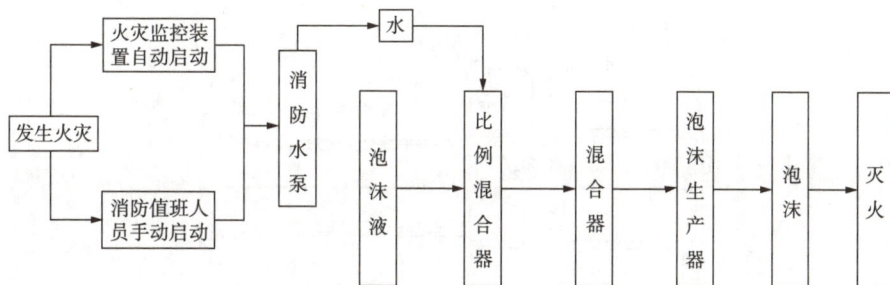

图 3-13　泡沫灭火系统灭火过程图

2. 泡沫产生装置

将空气混入并产生一定倍数泡沫的设备称为泡沫产生装置。泡沫产生装置分为吸气型和吹气型。低倍数泡沫产生装置和部分中倍数泡沫发生装置是吸气型的，高倍数和部分中倍数泡沫产生装置是吹气型的。泡沫产生装置主要包括低倍数泡沫产生器、高背压泡沫产生器、中倍数泡沫产生器、高倍数泡沫产生器、泡沫喷头、泡沫枪、泡沫炮、泡沫钩管等。

（1）低倍数泡沫产生器

普通泡沫产生器是为甲、乙、丙类液体储罐液上喷射泡沫灭火系统配套安装的一种低倍数泡沫产生器，按其安装方式的不同分为横式和立式两种。低倍数泡沫产生器输入泡沫混合液即可产生空气泡沫扑灭油类火灾。泡沫喷洒到燃烧体表面，形成泡沫层，利用泡沫的遮挡、冷却和窒息作用达到灭火目的。立式低倍数泡沫产生器如图 3-14 所示。

图 3-14　立式低倍数泡沫产生器

（2）高背压泡沫产生器

高背压泡沫产生器是为甲、乙、丙类液体储罐液下或半液下喷射泡沫灭火系统配套安装的一种低倍数泡沫产生装置，如图 3-15 所示。

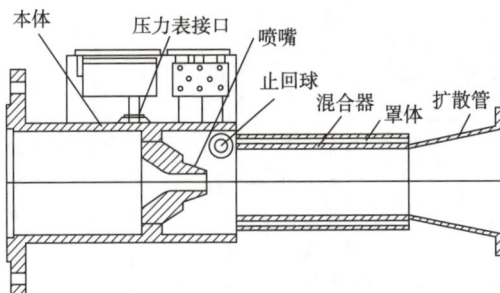

图 3-15　高背压泡沫产生器

（3）中倍数泡沫产生器

中倍数泡沫产生器通常作为移动使用的辅助灭火设施。如图 3-16 所示为便携式中倍数泡沫产生器。

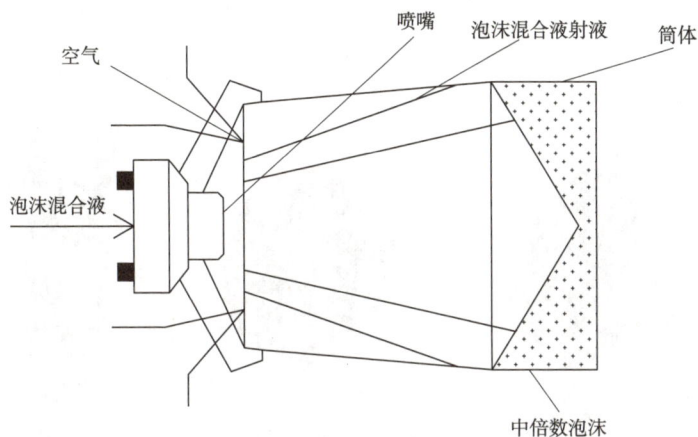

图 3-16　便携式中倍数泡沫产生器

（4）高倍数泡沫产生器

高倍数泡沫产生器是高倍数泡沫灭火系统的主要设备，其发泡量大、速度快，适宜扑灭各种不同类型的火灾，如图 3-17 所示。驱动风叶的原动机有电动式和水力驱动式两种。

图 3-17　高倍数泡沫产生器

（5）泡沫喷头

泡沫喷淋系统使用的是吸气型泡沫喷头，如图 3-18 所示。随着成膜类泡沫的出现，非吸气型喷头的使用成为可能，如近年来的一些大型系统采用的水成膜泡沫 - 水喷淋系统，其喷头多使用洒水喷头或水雾喷头。

图 3-18　吸气型泡沫喷头

（6）泡沫炮

泡沫混合液流量大于 16L/s，以射流形式喷射泡沫的装置称为"泡沫炮"。泡沫炮按安装方式分为固定式与移动式两种。移动式泡沫炮如图 3-19 所示。

图 3-19　移动式泡沫炮

（7）泡沫枪

泡沫枪是产生和喷射空气泡沫扑救甲、乙、丙类液体火灾或喷水扑救一般固体火灾的消防枪，如图 3-20 所示。

图 3-20 泡沫枪

复习思考题

1. 简述泡沫灭火剂的组成及分类。
2. 泡沫灭火系统主要由哪几部分组成？
3. 简述泡沫灭火系统的优势和局限性。

气体和泡沫灭火系统装调
工具材料与操作安全

第4章

学习目标

1. 了解气体和泡沫灭火系统装调使用设备、材料、常用工具,掌握使用操作要领;
2. 熟悉气体和泡沫灭火系统装调设备、工具的安全技术操作规程与守则,掌握相关设备保养方法。

气体和泡沫灭火系统装调的工作场所一般是建筑物,会用到各种机械设备、机械工具、材料,也会用到各种电气设备、电气工具仪表、材料及配件。在气体和泡沫灭火系统装调过程中,要遵守各种操作规程、规范,杜绝安全事故的发生。

4.1 气体和泡沫灭火系统装调常用工具材料

气体和泡沫灭火系统装调常用设备工具材料包括:电动切管套丝机、焊接设备,升降平台、高空作业平台、脚手架、梯子等。常用的工具仪表主要有:管钳、铜管割管器、铜管倒角器、铜管扩管器、铜管弯管器、内六角扳手,各种螺丝刀、扳手、冲击钻、手电钻、激光水平仪、拖线板、卷尺、割磨机;电工钳、试电笔、电工刀、剥线钳,电线电缆、接线端子、熔断器、空气开关、交流接触器、热继电器、中间继电器、金属槽盒、金属锁母、配电箱、万用表、兆欧表(摇表)等。常用的材料配件有:管道和管件、灭火剂储存容器、灭火剂输送管道、泡沫液储罐、压力表、流量计、消防阀门、消防泵、泡沫消火栓、消防截止阀、消防调节阀、安全阀、选择阀、低泄高封阀、沟槽管件、法兰、煅制螺纹管件、气体喷嘴、泡沫剂、管道密封材料,感烟探测器、烟感编码器、二合一烟温火灾探测器试验器、数字声级计、数字照度计,吊杆,螺栓、螺母、螺钉,膨胀螺栓等。

4.1.1 设备

1. 电动切管套丝机

电动切管套丝机又名绞丝机、管螺纹套丝机、切管套丝一体机等，如图 4-1 所示，是一种由电机驱动的高效切割套丝设备，主要用于切割管材及对管材套丝。管子被固定在夹紧装置中，开启设备后，切割装置会将管子切断，同时套丝装置可以在管子的末端加工出螺纹，以达到加工目的。它可以实现精确切割、套丝，广泛应用于水管、大型管道、化工管道、船舶以及建筑结构等领域。

图 4-1　电动切管套丝机

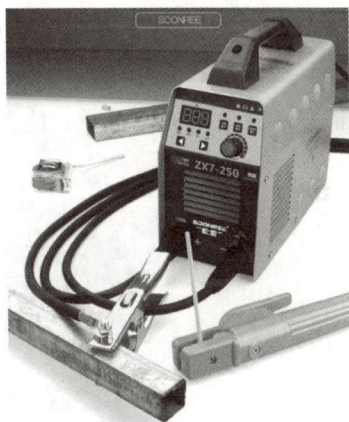

图 4-2　（电）焊接设备

使用电动切管套丝机时的注意事项如下：

（1）电动切管套丝机应安放在稳固的基础上。

（2）应先空载运转，进行检查、调整，确认运转正常，方可作业。

（3）应按加工管径选用板牙头和板牙，板牙应按顺序放入，作业时应采用润滑油润滑板牙。

（4）当工件伸出卡盘端面的长度过长时，后部应加装辅助托架，并调整好高度。

（5）切断作业时，不得在旋转手柄上加长力臂，切平管端时，不得进刀过快。

（6）当加工件的管径或椭圆度较大时，应两次进刀。

（7）作业中应采用刷子清除切屑，不得敲打振落。

（8）作业后应切断电源，锁好电闸箱，并做好日常保养工作。

2. 焊接设备

焊接设备是指实现焊接工艺所需要的装备。焊接设备包括焊机、焊接工艺装备和焊接辅助器具，如图 4-2 所示，常用于消防泡沫系统中管道的焊接工程。

泡沫灭火系统装调过程中，管道（电）焊接的注意事项如下：

（1）焊接接头必须保持干燥，以免湿气和水蒸气进入焊缝，影响焊接质量和使用寿命。

（2）焊接线条应该平直，且没有明显的变形或扭曲。

（3）焊接完成后，需要进行磨光处理，以提高管道的密封性。

4.1.2　工具

1. 管钳

管钳又名管钳扳手、管子钳、水管钳，如图 4-3 所示，是管道安装工程中用于旋转接头及其他圆形金属工件的专用工具。其主要原理是利用管钳两端的半圆形夹口夹住管子，通过旋转管钳手柄，拉紧夹口的螺纹，使夹口压紧管子并固定在位。这种方式可以非常有效地夹住管子，使其不会滑动或旋转。

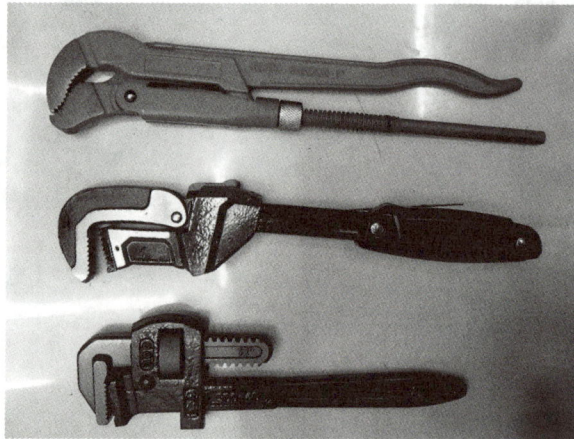

图 4-3　管钳

管钳使用注意事项如下：

（1）在夹紧管子前，应先检查管钳的夹口和管子的表面是否清洁，以免夹口滑动或损坏管子表面，钳头要卡紧工件后再用力扳，防止打滑伤人。

（2）要选择合适的规格，钳头开口要等于工件的直径。

（3）管钳牙和调节环要保持清洁。

（4）用加力杆时，长度要适当；扳动手柄时，注意承载扭矩，不能用力过猛，防止过载损坏。

（5）管钳不能作为锤头使用。

（6）不能夹持温度超过 300℃ 的工件。

2. 铜管割管器

铜管割管器是切割铜管的工具，由手柄、支架、刀片和导轮等组成，如图 4-4 所示。

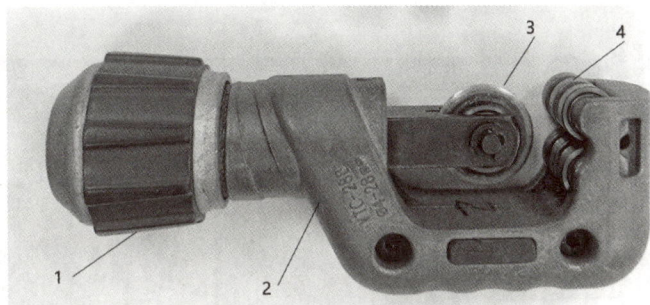

图 4-4　铜管割管器
1—手柄；2—支架；3—刀片；4—导轮

（1）铜管割管器使用方法

①将所需切割的铜管装夹到铜管割管器导轮与刀片中间，旋紧手柄。

②将整个铜管割管器绕铜管顺时针方向旋转。

③铜管割管器每旋转 1～2 圈，需旋紧手柄 1/4 圈。

④重复②、③步骤，直至将铜管割断。

（2）铜管割管器切割铜管注意事项

①铜管一定要架在导轮中间。

②所需切割的铜管一定要平直、圆整，否则会形成螺旋切割。

③由于铜管管壁较薄，旋紧手柄进刀时，不能用力过猛，以免内凹收口和铜管变形，影响切割质量。

④铜管切割过程中，出现内凹收口和毛刺时需进一步处理。

3. 铜管倒角器

切割铜管过程中，铜管易产生收口和毛刺等现象，铜管倒角器主要用于去除切割加工过程中所产生的毛刺，消除铜管收口现象。铜管倒角器如图 4-5 所示。

铜管倒角器使用方法如下：

（1）将铜管倒角器锥形刀刃放入铜管内。

（2）一只手握紧铜管，另一只手握紧倒角器，沿刀刃方向旋转。

（3）反复操作，直至去除毛刺和收口。

图 4-5　铜管倒角器

4. 铜管扩管器

铜管扩管器是将铜管端部扩胀形成喇叭口的专用工具，它由扩管夹具和扩管顶锥组成，如图 4-6 所示。

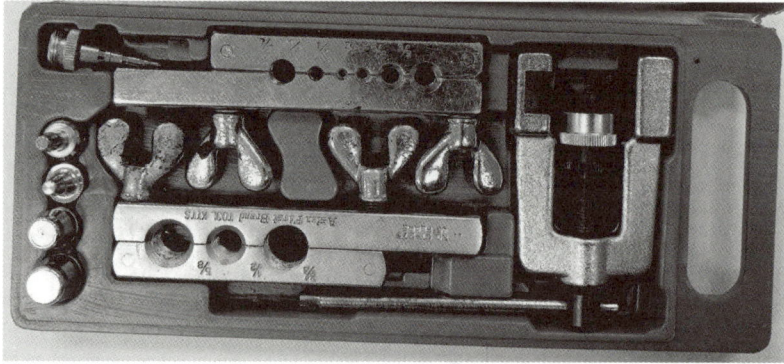

图 4-6 铜管扩管器

铜管扩管器使用方法如下：

（1）将需要加工的铜管夹装到相应的夹具卡孔中，铜管端部露出夹板面 1/3 左右（注意夹具坡面位置），旋紧夹具螺母直至将铜管夹牢。

（2）将扩口顶锥卡于铜管内，顺时针慢慢旋转手柄使顶锥下压，直至形成喇叭口。

（3）退出顶锥，松开螺母，从夹具中取出铜管，观察扩口面应光滑圆整，无裂纹、毛刺和折边。

5. 铜管弯管器

铜管弯管器是专门弯曲铜管的工具，如图 4-7 所示。铜管弯曲半径不应小于管径的 5 倍，其弯曲部位不应有凹瘪现象。

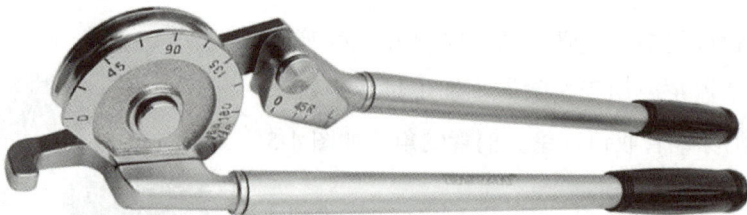

图 4-7 铜管弯管器

铜管弯管器使用方法为：

（1）选择直径与铜管一致的弯管器，将所需加工的铜管放置到弯管器成型盘导轮中，并调整好位置，将活动手柄的搭扣扣住所加工的管件，慢慢旋紧活动手柄，使管件弯曲至所需角度。

（2）松开搭扣和活动手柄，将管件退出，并观察是否符合要求。

6. 内六角扳手

内六角扳手如图4-8所示，它通过扭矩对螺钉施加作用力，大大降低了使用者的用力强度。内六角螺钉与一字形、十字形螺钉旋具在使用的时候受力不一样，一字形和十字形螺钉需要人用轴向力压住螺钉再拧，容易拧花螺钉头；而内六角螺钉则是将内六角扳手插入螺钉头后给一个旋转力就行，不容易打滑，可以拧得更紧。所以一般受力比较大的地方采用内六角螺钉来连接。

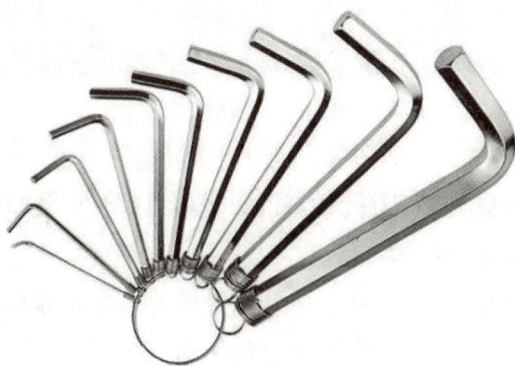

图4-8 内六角扳手

内六角扳手使用注意事项为：

（1）内六角扳手用于拧紧或拧松标准规格的内六角螺栓。

（2）拧紧或拧松的力矩较小。

（3）内六角扳手的选用应与螺栓或螺母的内六方孔相适应，不允许使用套筒等加长装置，以免损坏螺栓或扳手。

（4）使用前要正确区分螺栓的规格（公制或英制），以便选择正确规格的内六角扳手。

4.1.3 材料及配件

1. 管道和管件

消防管道和管件是指用于消防方面，连接消防设备、器材，输送消防灭火用水、气体、泡沫或者其他介质的管道材料，如图4-9所示。其包括镀锌水管、球墨给水铸铁管、铜管、不锈钢管、合金管及复合型管材、塑料管材等。消防管道的厚度与材质都有特殊要求，并喷红色油漆。

图 4-9　消防管道

（1）无缝钢管：由整支圆钢穿孔而成的，表面上没有焊缝的钢管，称为无缝钢管，主要用作输送流体的管道或结构零件。

（2）不锈钢管：泡沫灭火系统中，泡沫腐蚀性大，常采用不锈钢管。

（3）铜管：又称紫铜管，是气体灭火系统驱动气体管道、制冷管道安装的首选。

由于铜管容易加工和连接，使其在安装时，可以节省材料和总费用，具有很好的稳定性以及可靠性。铜管可以弯曲、变形，它常常可以做成弯头和接头，光滑的弯曲允许铜管以任何角度折弯。

使用管道注意事项如下：

（1）低倍数泡沫灭火系统的水与泡沫混合液及泡沫管道应采用钢管，且管道外壁应进行防腐处理。

（2）中倍数、高倍数泡沫灭火系统的干式管道宜采用镀锌钢管；湿式管道宜采用不锈钢管或内部、外部进行防腐处理的钢管；中倍数、高倍数泡沫产生器与其管道过滤器的连接管道应采用奥氏体不锈钢管。

（3）泡沫液管道应采用奥氏体不锈钢管。

（4）在寒冷季节有冰冻的地区，泡沫灭火系统的湿式管道应采取防冻措施。

2. 压力表

压力表是用于测量气体泡沫液体输送管道压力的仪表，分为电子式［如图 4-10（a）所示］和机械式［如图 4-10（b）所示］两种，需根据管道的实际使用压力、泡沫类型等来选择。压力表也用于测量气体灭火系统中灭火剂的压力。通过观察压力表的指示，可以了解系统中灭火剂的储存情况和压力状态，及时进行补充和维护。

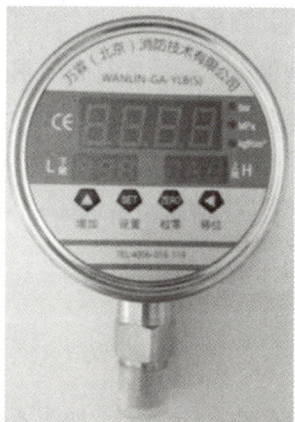

（a）电子式

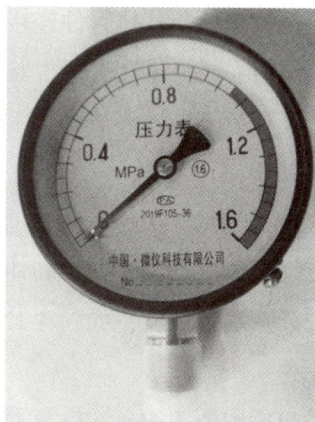

（b）机械式

图 4-10　管道压力表

使用管道压力表应该注意的事项为：

（1）压力表使用时应避免受到剧烈的冲击和振动，以免对测量结果产生影响。

（2）需要定期对压力表进行校准和维护，以保证其精度和长期的可靠性。

（3）在使用过程中，如发现泡沫管网压力表出现超过工作范围的压力或读数不稳定等异常情况，需要停止使用并及时进行检修或更换。

3. 流量计

在消防系统中，流量计是一种用于测量消防系统水流量的设备，如图 4-11 所示。它的主要作用是日常维护和检查中对消防系统的工作状态进行监测和评估。

图 4-11　流量计

图 4-12　泡沫消火栓

使用流量计的注意事项为：

（1）其安装位置应在消防水源进水管道的垂直上方。

（2）定期对流量计进行维护和检修，确保其正常工作。

（3）不要把流量计与其他管件连接，以免影响其测量精度。

（4）在安装前需对流量计进行校验和检测，确保其测量精度符合要求。

（5）保持流量计干燥、清洁和正常运转，以免影响其测量准确性和使用寿命。

4. 泡沫消火栓

泡沫消火栓是泡沫灭火系统中的重要装置之一，特别适用于大面积有火灾危险的易燃液体和可燃液体的产生、贮存和使用场所。泡沫消火栓主要由法兰、筒体、球阀、内接、消防管牙及端盖组成，如图 4-12 所示。

5. 沟槽管件

沟槽管件包括沟槽四通、沟槽三通、各种角度弯头、卡箍等，如图 4-13 所示。

（a）四通、三通 （b）弯头 （c）卡箍

图 4-13　沟槽管件

卡箍是连接带沟槽的管件、阀门以及管路配件的装置，用在快接头之间起紧箍连接作用，一般接头带有垫片、橡胶、硅胶和四氟。其性能良好，密封度高，安装简易，常用于消防泡沫系统工程中管道的连接。

使用卡箍的注意事项为：

（1）定期检查管道卡箍的连接状态，如有松动或损坏，应及时紧固或更换。

（2）在高压特殊环境下，应定期检查管道卡箍的性能，确保其安全可靠。

（3）避免在管道卡箍上施加过大的外力，以免损坏管道。

（4）保持管道卡箍及其周围环境的清洁，防止杂质附着，影响连接性能。

6. 法兰

法兰是管端与管端之间相互连接的零件，如图 4-14 所示。法兰连接或法兰接头，是指由法兰、垫片及螺栓三者相互连接作为一组组合密封结构的可拆连接。凡是在两个平面周边使用螺栓连接同时封闭的连接零件，一般都称为"法兰"。水泵和阀门，在与管道连接时，这些器材设备的局部，也制成相对应的法兰形状，也称为法兰连接。

7. 煅制螺纹管件

煅制螺纹管件是带螺纹的管件，常用于水煤气管、压缩空气管、低压蒸汽管以及消防气体管，如图 4-15 所示。

图 4-14　法兰

图 4-15　煅制螺纹管件

8. 管道密封材料

管道密封材料是气体和泡沫灭火系统中常用的材料之一。它通常用于连接管路和阀门等部件，起到密封作用，防止泄漏。常见的密封件材料有橡胶密封圈、聚四氟乙烯密封圈、生料带等，生料带及单向阀安装使用情况如图 4-16 所示。

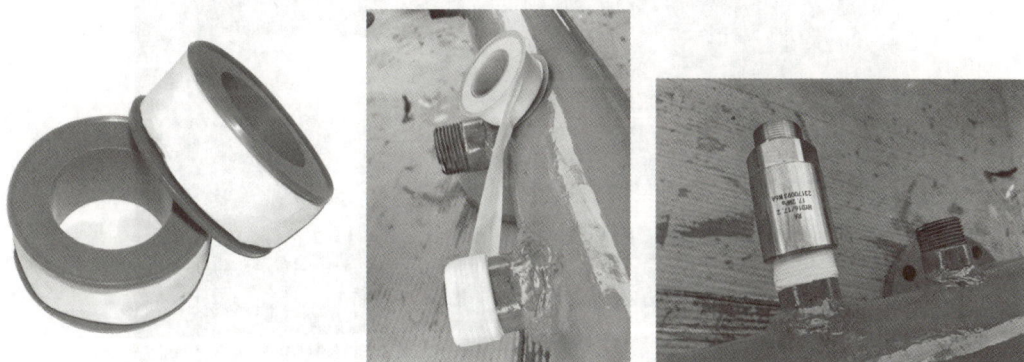

图 4-16　生料带及单向阀安装使用情况

9. 烟感编码器

烟感编码器就是通过在火灾报警系统中为每一个消防设备分配一个唯一的编码，使消防设备与控制中心能够建立通信连接。编码通常采用二进制数字形式，通过特定的编码方式将数字代码与设备进行绑定，实现设备的唯一标识，如图 4-17 所示。

烟感编码的使用方法为：

（1）设备连接：将需要编码的消防设备连接到报警系统上，确保线路正确且稳定。

（2）编码器设置：使用编码器为每个消防设备分配一

图 4-17　烟感编码器

个唯一的编码，编码器通常具有液晶显示屏和键盘操作界面。

（3）设备编号：在编码器的操作界面中，按照提示输入设备的相关信息，如设备名称、型号、生产厂家等，以便于控制中心识别和管理。

（4）编码传输：将编码器生成的编码通过报警系统传输到控制中心，以便于控制中心对消防设备进行统一管理。

10. 二合一烟温火灾探测器试验器

二合一烟温火灾探测器试验器主要功能是对火灾探测器进行定期的检测和维护，以确保其在火灾发生时能够准确、及时地发出警报。通过模拟火灾现场的烟雾和温度等参数，消防烟枪可以对火灾探测器的灵敏度、响应时间、误报率等指标进行全面检测，从而评估其性能和可靠性，如图4-18所示。

图4-18 二合一烟温火灾探测器试验器

二合一烟温火灾探测器试验器的使用方法为：

（1）将专用电源充电器插入充电口中，充电器指示灯充满后由红色变为绿色。

（2）注入发烟液，直至灌满为止。

（3）根据高度适当选取连接杆数量并连接好。

（4）根据需要选择感烟或感温开关。

（5）启动开关，接通电源，实现功能试验。

11. 数字声级计

数字声级计是声学测量中最基本而又最常用的仪器，如图4-19所示。数字声级计广泛应用于测量声音的声压级或声级；声级是指与人们对声音强弱的主观感觉一致的物理量，通常用于度量声音强度，单位为分贝（dB）。

图 4-19　数字声级计

数字声级计的使用方法为：

（1）安装电池或连接电源。

（2）开机，按住数字声级计的开机按钮，直到显示屏上显示数字声级计已进入工作状态。

（3）选择测量档位，数字声级计通常具有多个测量档位，以适应不同声压级的环境。

（4）进行测量，将数字声级计的传声器指向声源，开始进行测量。

（5）读取测量结果，显示屏上将实时显示测得的声压级数值。

12. 数字照度计

数字照度计是一种专门测量照度的仪器仪表，如图 4-20 所示。照度是反映光照强度的一种物理量，其物理意义是照射到单位面积上的光通量，照度的单位是每平方米的流明（lm）数，其单位为勒克斯（lux 或 lx）。数字照度计的工作原理基于光电效应，主要利用光敏元器件将接收到的光线转换成电信号。在消防工程中，数字照度计常用于应急照明、疏散指示标志和光警报器照度的测量。

数字照度计的使用方法为：

（1）打开电源。

（2）选择适合的测量档位。

（3）打开光检测罩，并将光检测器正面对准欲测光源。

（4）读取测量结果，显示屏上将实时显示测得的数值。

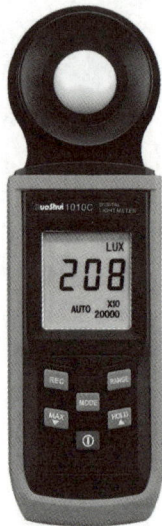

图 4-20　数字照度计

4.2　气体和泡沫灭火系统装调操作安全

气体和泡沫灭火系统装调过程中经常会用到各种机械设备、用电设备、工具和材料，如脚手架、高空作业平台、冲击钻、手电钻等，在操作过程中要注意高空作业、用电设备的安全操作。

4.2.1　气体和泡沫灭火系统装调操作规程和实训守则

1. 操作规程

（1）进入实训室的人员，必须严格遵守实训室的各项规章制度，树立"安全第一"的思想，严格遵守安全操作规程。

（2）无关人员不得随意进入实训室和使用实训室仪器设备及工具；需在本实训室进行教学、科研等活动的，须事先提出申请，批复后方可使用，并作好相应的登记工作。

（3）实训前应仔细阅读实训教材和有关书籍，弄清实训目的、原理和实训所用的仪器设备，明确实训方法、操作步骤和注意事项。

（4）拆装零件时，不能用硬物敲击工件，要用紫铜棒、木棒或橡胶锤敲击。

（5）在实训室内要遵守纪律，保持卫生，不喧哗，不得进行无关的活动，不得随意走动，不得乱摸乱动有关电气设备。

（6）焊接操作时，操作地点应远离易燃易爆物品，并要打开排气扇使室内空气畅通。

（7）实训过程中要认真操作，思想高度集中，操作内容必须符合教学内容，不准做任何与实训无关的事；仔细观察，如实、详细、完整地记录实训现象和原始数据。

（8）要按照操作规程使用实训仪器设备，在没弄清使用方法之前，禁止乱动，仪器设备出现问题，及时报告实训指导老师，不得随意处理。

（9）要爱护实训设备、工具、仪表、电气设备和公共财物，注意节约实训材料；仪器设备出现故障或损坏，应及时报告实训指导老师，按有关规定处理。

（10）实训结束后，需要认真填写场地交接班表。

2. 实训守则

（1）学生按规定的时间进入实训室上课，未经允许，不得擅自离开实习岗位，不得随意出入实训室。

（2）学生实训前必须穿好工作服，不得穿拖鞋进入实训室，不得携带食物、饮料等进入实训室；上课时要注意保持实训室内卫生，不许在实训室内吸烟、喝水、吃零食以及随地吐痰、乱扔纸屑杂物。

（3）学生须按实训指导老师指定的位置进行实训，不得随意调换工位，不得擅自使用其他工位，使用前认真检查设备情况，有异常及时报告实训指导老师，并认真做好交接班记录。

（4）实训时要集中精神，使用设备过程中，严格遵守仪器设备的安全技术操作规程，发现设备出现故障应立即切断电源并及时向实习老师报告，便于及时处理，对违章操作导致人身伤害者及仪器设备损坏者，按相关管理条例进行处理。

（5）严禁带电进行线路的拆装；室内的任何电器设备，未经验电，视为有电，不准触及，任何接线、拆线都必须在切断电源后进行。

（6）实训过程中使用扳手紧固螺栓时，应检查扳手和螺栓有无裂纹或损坏，在紧固时，不能用力过猛或用手锤敲打扳手。

（7）设备使用前要认真检查，如发现不安全情况，应停止使用并立即报告实训指导老师，以便及时采取措施；电器设备安装检修后，须经检验合格后方可使用。

（8）实训完毕，需清点器材并归还原处，若有丢失或损坏应及时报告。

（9）保持实训室整洁，并做好个人工位卫生工作，每次实训后要清理工作场所，搞好 9S 管理（9S 管理相关知识见王文琪、张富建主编的《建筑防排烟工程》的第 4.3.3 节），关设备、关门、关窗、关电，做好设备清洁和日常维护工作，经实训指导老师同意后方可离开。

4.2.2　焊接安全知识

焊接作业为特种作业。特种作业人员，必须进行专门的安全技术理论学习和实践操作训练，并经考试合格，持有"特种作业操作证"后，方可独立作业。

焊工焊接操作时可能与电、可燃及易爆的气体、易燃液体、压力容器等接触，在焊接过程中还会产生一些有害气体、烟尘、电弧光的辐射、焊接热源（电弧、气体火焰）的高温、高频磁场、噪声和射线等，有时还要在高处、水下、容器设备内部等特殊环境作业。

在气体和泡沫灭火系统装调中，焊接操作时，除加强个人防护外，还必须严格执行焊接安全规程，掌握安全用电、防火、防爆常识，最大限度地避免安全事故。焊接安全生产非常重要，如果焊工不熟悉有关劳动保护知识，不遵守安全操作规程，就可能引起触电、灼伤、火灾、爆炸、中毒、窒息等事故，这不仅给国家财产造成经济损失，而且直接影响焊工及其他工作人员的人身安全。

1. 电焊安全操作要求

为防止电焊作业中可能发生的人身伤亡事故，在作业中应注意以下几点。

（1）焊接工作前，应先检查焊机设备和工具是否安全，例如焊机外壳的接地、焊机接线点接触是否良好；焊接电缆的绝缘有无损坏等。

（2）选择接地线的连接位置时，应避免焊接电流在二次的闭合回路中造成危害。

（3）下列操作应切断电源开关才能进行。

①改变焊机接头时。

②更换焊件需要改接二次回线时。

③转移工作地点。

④更换保险丝时。

⑤焊机发生故障需检修时。

（4）更换焊条时，焊工应戴上绝缘手套；对于空载电压和工作电压较高的焊接操作，如等离子弧焊、氢原子焊等，以及在潮湿工作地点操作时，还应在工作台附近地面铺设橡胶垫子。特别是在夏天，由于身体出汗后衣服潮湿，勿靠在焊件、工作台、焊钳和电缆等处，避免触电。

（5）在金属容器（如油槽、气柜、锅炉、管道和舱室等）内，金属结构上以及其他狭小工作场所焊接时，触电的危险性最大，必须采取专门的防护措施。可采用橡皮垫或其他绝缘衬垫，并戴皮手套、穿绝缘鞋等；在场外要有监护人员，随时注意焊工的安全动态，遇有危险征象时，应立即切断电源，进行抢救；照明使用手提行灯的电压应为 12V。

（6）加强焊工的个人防护；焊工工作时应穿戴好工作服，戴好绝缘手套、安全帽，穿好绝缘鞋；面罩和护目镜片遮挡严密，无漏光的现象；绝缘手套不得短于300mm，应当用柔软的皮革或帆布制作；绝缘手套是电焊工防止触电的基本工具，应保持完好和干燥。

（7）电焊设备的安装、修理和检查须由电工进行，焊工不得自己拆修设备。

（8）焊工操作时，对于夹有焊条的焊钳不允许离手，以防行人触碰而引起触电，如要离手，一定要将焊条取下。

2. 高处焊接安全操作要求

凡作业在离地面或工作平台（带护栏）高度在2m以上的均称为高处作业。高处焊接作业焊工在距基准面2m以上（包括2m）有可能坠落的高处进行焊接作业称为高处（登高）焊接作业。高处焊接的安全措施如下：

（1）从事高处作业的焊工必须身体健康，患有高血压、心脏病等疾病与酒后人员，不得进行高处焊接作业。

（2）高处焊接作业时，地面应有人监护（或两人轮换作业）；焊工应系安全带，高处焊接作业必须使用标准的安全带，并将安全带紧固牢靠。耐热性差的材料，如尼龙安全带不宜使用。

（3）在高处焊接作业时，登高工具（如脚手架等）要安全、牢固、可靠，焊接电缆线等应扎紧在固定地方，不能缠绕在身上或搭在背上工作。不能用可燃物（如麻绳等）作固定脚手架、焊接电缆线和气割用气管的材料。

（4）乙炔瓶、氧气瓶、焊机等焊接设备器具应尽量留在地面上。

（5）雨天、雪天、雾天或刮大风（六级以上）时，禁止高处焊接作业。

（6）辅助工具如钢丝刷、手锤、錾子及焊条等，应放在工具袋里，防止掉落伤人；更换焊条时，焊条头不要随便往下扔，以免砸伤烫伤下面的人员。

（7）高处焊接作业时，为防止火花落下或飞溅引起燃烧事故，应把动火点下部的可燃、易爆物移放到安全地点，或用石棉板仔细遮盖，尤其在风力大时，更要采取相应措施。对落下的灼热金属和火花气溅颗粒，应随时用水熄灭。

（8）高处作业时，应设监护人，密切注意焊工的动态。电焊时，电源开关应设在监护人旁边；遇有危险时，立刻拉闸。

3. 容器内焊接作业

（1）进入容器内部前，先要弄清容器内部的情况。

（2）将容器和外界联系的部位进行隔离和切断，如电源和附带在设备上的水管、料管、蒸汽管、压力管等均要切断并挂牌。如容器内有污染物，应进行清洗并经检查确认无危险后，才能进入内部焊接。

（3）进入容器内部焊接要实行监护制，派专人进行监护，监护人不能随便离开现场，并与容器内部的人员经常取得联系。

（4）在容器内焊接时，内部尺寸不应过小，还应注意通风排气工作。通风应用压缩空气，严禁使用氧气通风。

（5）在容器内部作业时，要做好绝缘防护工作，最好垫上绝缘垫，以防止触电等事故的发生。

4. 焊工的十个不焊、割

（1）施焊人员没有安全操作证又没有持证焊工现场指导时不能进行焊、割作业。

（2）凡属一、二、三级动火范围的焊、割，未办理动火审批手续不得擅自进行焊、割作业。

（3）焊工不了解焊、割现场周围情况，不能盲目焊割。

（4）焊工不了解焊、割件内部是否安全时，未经彻底清洗，不能进行焊、割作业。

（5）对盛装过可燃气体、液体、有毒物质的各种容器，未做清洗，不能进行焊、割作业。

（6）用可燃材料作保温、冷却、隔声、隔热的部位，若火星能飞溅到，在未采取可靠的安全措施之前，不能进行焊、割作业。

（7）有电流、压力的导管、设备、器具等在未断电、泄压前，不能进行焊、割作业。

（8）焊、割部位附近堆放有易燃、易爆物品，在未彻底清理或未采取有效防护措施前，不能进行焊、割作业。

（9）与外部设备相接触的部位，在没有弄清外部设备有无影响或明知存在危险性又未采取切实有效的安全措施之前，不能进行焊、割作业。

（10）焊、割场所与附近其他工种有互相抵触时，不能进行焊、割作业。

5. 电弧焊安全技术操作规程

（1）应掌握一般电气知识，还应熟悉灭火技术、触电急救及人工呼吸方法。

（2）工作前应检查焊机电源线、引出线及各接线点是否良好，线路横越车行道应架空或加保护盖；焊机二次线路及外壳必须有良好接地；焊条的夹钳绝缘必须良好。

（3）下雨天不准露天电焊，在潮湿地带工作时，应站在铺有绝缘物品的地方并穿好绝缘鞋。

（4）移动式电焊机从电力网上接线或拆线，以及接地等工作均应由电工进行。

（5）推闸刀开关时，身体要偏斜些，要一次推足，然后开启电焊机；停机时，先要关电焊机，才能拉断电源闸刀开关。

（6）移动电焊机位置，须先停机断电；焊接中突然停电，应立即关好电焊机。

（7）在人多的地方焊接时，应安设遮光板挡住弧光，无遮挡时应提醒周围人员不要直视弧光。

（8）换焊条时应戴好手套，身体不要靠在铁板或其他导电物件上，敲渣子时应戴上防护眼镜。

（9）使用自动（半自动）电焊时，必须检查机电设备的接地装置、防护装置、限位装置、电气线路是否完好和符合安全要求，对机械运转部分应试验是否灵活，并加润滑油。检查设备周围有无障碍物，场地必须通风良好，不潮湿，必要时加设风扇及绝缘垫。

（10）合闸后不准任意拔掉控制箱通往变压器及焊接机头（如小车）的插销。

（11）工作完毕应关闭电焊机，再断开电源。

6. 焊工实训守则

（1）电焊、气焊、气割工均属于特殊工种，未经专业安全知识学习、训练的人员不能进入场地。

（2）操作场地禁止存放易燃易爆物品，操作场地的 10m 内，不储存放油类或其他易燃易爆的物品。

（3）操作场地应备有消防器材，保证足够的照明和良好的通风。

（4）进入场内，必须穿戴好防护用品，操作时所有焊工必须戴好防护眼镜或面罩。

（5）实训完毕，应检查场地，灭绝火种，切断电源，把氧气瓶、乙炔瓶阀门拧紧才能离开。

4.2.3 实训安全教育

每位学生，实训前需进行安全教育，经过学习后，每人撰写一份实训安全保证书，参考如下：

通过学习有关实操制度以及相关安全知识。本人在气体和泡沫灭火系统装调实训时，一定遵守各项规章制度，遵守各项安全操作规程，做到安全、文明实操。

1……

2……

3……

班级：

保证人姓名：

学号：

年　　月　　日

复习思考题

1. 简述气体和泡沫灭火系统装调施工中常用的工具及材料。
2. 撰写一份实训安全保证书。

气体和泡沫灭火系统装配工艺

第5章

学习目标

1. 掌握灭火系统各部件的装配顺序、装配方法、调试步骤及注意事项；
2. 学会识别和解决灭火系统在装配过程中可能出现的故障和问题；
3. 培养安全意识，遵守安全操作规程。

本章主要介绍气体和泡沫灭火系统的装配工艺及注意事项。针对气体灭火系统，详细说明了装配前的准备工作、瓶组、阀门等关键部件的结构、装配要求及基本参数。对于泡沫灭火系统，重点介绍了泡沫罐、湿式报警阀等主要部件的装配说明和注意事项，如泡沫液的选用、罐体的安装位置和基础要求等，确保灭火系统在实际应用中的有效性和可靠性。

5.1　气体灭火系统装配工艺

装配，是指按照规定的技术要求，将若干零件接合成部件，或将若干零件和部件接合成产品的劳动过程。将若干零件接合成部件称为部件装配，将若干零件和部件接合成产品称为总装配。

气体灭火系统装配工艺是保证灭火系统质量的重要环节，影响系统技术经济性能和灭火系统的使用性能，与普通机械产品相比，零件数量相对较少，但装配步骤及要点基本相同。

5.1.1　气体灭火系统装配工艺须知

1. 在开始产品安装之前的确认项目

（1）气瓶储藏室和邻近区域的安装工作都已经完成，且气瓶储藏室应受到保护。

（2）所有的建筑材料、脚手架、电梯、梯子、工具和其他设备都已经从气瓶储藏室搬走，产品安装所必需的设备除外。

（3）气瓶储藏室的通风情况应超过最低的特定标准。

（4）气瓶支架已经完全安装，且所有的帮衬和固定装置都符合规格标准。

（5）所有的灭火分配管道、支管和支架、固定装置等已按设计方案安装，且所有固定装置十分稳固。

（6）气瓶站立区应该平坦，能够承受负荷并符合用途，遵守项目规格要求。

（7）气瓶的交付、装载／存储和移动计划都已经验证且可行。

（8）适合的安全警示标志已经张贴，且危险区域的安全已经获得保障。

（9）适合的工作区域控制和程序都已实施，以避免在工作时有人未经授权进入工作区域。

在不能确认这些要求已经获得遵守的情况下，产品安装工作应停止，直到达到要求。

2. 在产品安装过程中的确认项目

（1）无人进入气瓶储藏室，除非是经卖方授权人员，直到卖方书面通知产品安装已经完成。

（2）确保气瓶储藏室的安全。

（3）除了安装所需的材料以外，其他材料不得存放在气瓶储藏室。

（4）产品在工作场所的安装、装载和卸载、运输，都应畅通无阻。

（5）任何人均不得移除产品上的安全帽或试图移除或处理产品，除非已经事先咨询过卖方或者是按照规定的程序合理处理产品。

（6）运输产品的所有人员都必须经过安全处理、运输压缩气体和压缩气瓶的培训，有适用的证书／批准，有安全运送压缩气体和压缩气瓶所合适的机械辅助，且应遵守所有适用的规章制度，必须熟悉材料安全数据表（MSDS）和其他适用的数据表，以及压缩气体和压缩气瓶运输所必要的应急程序。

（7）在气瓶储藏室邻近区域发生事件或者事故的情况下，比如储藏室的墙壁、地板、天花板被击穿，或者对建筑物的结构有潜在影响，应尽快尽可能地通知供应商，允许供应商（或其指定人员）进入气瓶储藏室，以确定产品是否受到损伤。

5.1.2　气体灭火系统设备装配工艺

1. 瓶组的装配

气体灭火系统的灭火剂瓶组是气体灭火系统中的关键组件，负责储存和控制灭火剂的释放，作为气体灭火系统的核心部件，不仅要保证灭火剂的稳定储存，还要在火灾发生时迅速且有效地释放灭火剂以达到扑灭火焰的目的。在安装和维护灭火剂瓶组时，必须严格遵守相关的规范和标准，以确保系统的可靠性和安全性。

（1）灭火剂瓶组结构

灭火剂瓶组主要由手动顶块、驱动气入口、顶刀、限位销等组成，如图 5-1 所示。

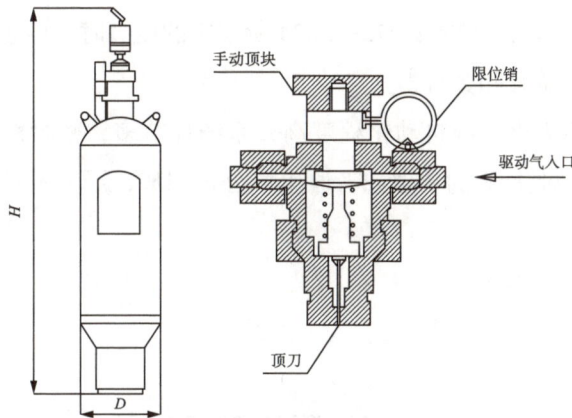

图 5-1　灭火剂瓶组

（2）灭火剂瓶组装配说明

①自动、手动启动灭火剂瓶组时，来自驱动气体瓶组的控制气流进入手动装置，驱动刺针从而开启容器阀，释放灭火剂。

②机械应急启动：当气动方式无法开启容器阀时，拉出手动保险销（有铭牌标志），按压下手动装置的手动压帽即可开启容器阀。但在组合分配系统中，应先开启相应防护区的选择阀，然后才能按压下手动压帽。

③当瓶组中的压力超过安全膜片承受的压力时，安全膜片自行爆破，灭火剂通过安全孔泄放，起到保护作用。

④容器阀配有压力表开关，正常情况下可锁紧压力表开关，保证压力表处密封。在定期检查时，可松开扣紧螺母 1 圈查看钢瓶内气体压力。

⑤压力表带有压力表阀时，可在运输途中将压力表卸下及现场更换压力表。

（3）灭火剂瓶组装配注意事项

①当容器阀与系统管路断开连接时，必须将误喷射防护装置（俗称"保护帽"）安

装在容器阀出口上，不安装保护帽会导致不慎启动时钢瓶剧烈移动。

②拆装／更换压力表时，应确保扣紧螺母处于锁紧状态，并且注意不得随压力表转动，以免气体泄漏和接头松脱飞出，伤及人员。

③非紧急操作情况，严禁拔出手动保险销，按压手动按钮。交付使用时，必须将辅助保险销拔出，否则瓶组无法启动。

（4）灭火剂充装方法

灭火剂充装时将瓶组的压力表旋下，旋松扣紧螺母2圈，使用专用充装设备接头与压力表安装座相连，从压力表接口处充装。通过专用充装设备对七氟丙烷灭火剂进行增压，将其导入灭火剂瓶组内。然后采用同样方法缓慢对瓶组增压，增压介质为氮气（气纯度符合《纯氮、高纯氮和超纯氮》GB/T 8979—2008 的规定），当瓶组压力达到《气体灭火系统及部件》GB 25972—2024 所规定的压力时，停止增压，卸下充装设备，安装压力表，再旋紧扣紧母螺。

注意：鉴于气体灭火系统自动化程度高，系统环节多，密封性能要求严格，灭火剂的充装须由具备专业资质的单位或者原生产公司完成，严禁不具备资质的单位自行充装。

（5）灭火剂瓶组基本参数

灭火剂瓶组基本参数，如表5-1、表5-2所示。

灭火剂瓶组基本参数表 1 　　　　表 5-1

规格型号	容积（L）	容器阀公称通径（mm）	瓶组高度 H（mm）	瓶组外径 D（mm）
QMP70/4.2	70	DN32	1280	325
QMP90/4.2	90	DN32	1515	325
QMP120/4.2	120	DN40	1345	415
QMP150/4.2	150	DN40	1390	465
QMP180/4.2	180	DN50	1380	520

最大工作压力（50℃）：5.3MPa；充装压力（20℃）：4.2MPa；最大充装密度 ≤ 950kg/mm³

灭火剂瓶组基本参数表 2 　　　　表 5-2

规格型号	容积（L）	容器阀公称通径（mm）	瓶组高度 H（mm）	瓶组外径 D（mm）
QMP70/5.6	70	DN32	1200	370
QMP90/5.6	90	DN32	1400	370
QMP100/5.6	100	DN32	1500	370
QMP120/5.6	120	DN32	1337	470

续表

规格型号	容积（L）	容器阀公称通径（mm）	瓶组高度 H（mm）	瓶组外径 D（mm）
QMP150/5.6	150	$DN40$	1670	470
QMP180/5.6	180	$DN40$	1900	470

最大工作压力（50℃），8MPa；充装压力（20℃），5.6MPa；
70L、90L、100L、120L、150L 最大充装密度 $\leqslant$ 1080kg/m³；180L 最大充装密度 $\leqslant$ 950kg/m³

2. 驱动气体瓶架

气体灭火系统的驱动气体瓶架是用于固定和支撑储存驱动气体钢瓶的装置，其安装必须符合安全标准和规范。

（1）驱动气体瓶架结构

驱动气体瓶架主要由方钢管焊接组成，包括左柱、右柱、横梁、底座和管箍等，如图5-2所示。

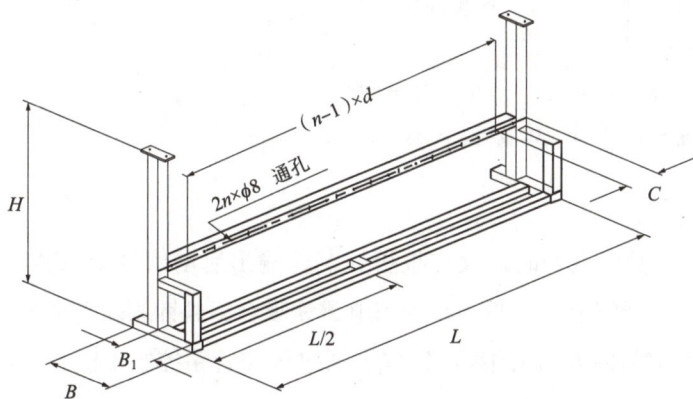

图5-2　驱动气体瓶架及实物图

（2）驱动气体瓶架装配说明

驱动气体瓶架用来固定驱动气体瓶组、支撑集流管（选择阀），防止驱动气体瓶组和集流管工作时晃动。安装时按工程设计方案直接固定于指定位置。

（3）驱动气体瓶架基本参数

驱动气体瓶架基本参数如表5-3所示。

驱动气体瓶架基本参数表　　　　　　　　　　　　表 5-3

参数型号	总长度 L（mm）	边距 C（mm）	宽度 B（mm）	宽度 B_1（mm）	高度 H（mm）	方钢规格（mm）
QPJ08	$(n-1) \times d + 2C$	150	300	170	970	$50 \times 50 \times 3$

注：d 为选择阀间距，一般为 300mm 或 350mm，n 为驱动气体瓶组数量。

3. 驱动气体瓶组

气体灭火系统的驱动气体瓶组用于储存和控制驱动气体的释放。

（1）驱动气体瓶组结构

驱动气体瓶组主要由容器、驱动气体容器阀、电磁启动装置及压力表组成，并充装氮气，如图5-3（a）所示。电磁启动装置主要由手动顶块、限位销、顶刀、保险销等组成，如图5-3（b）所示。

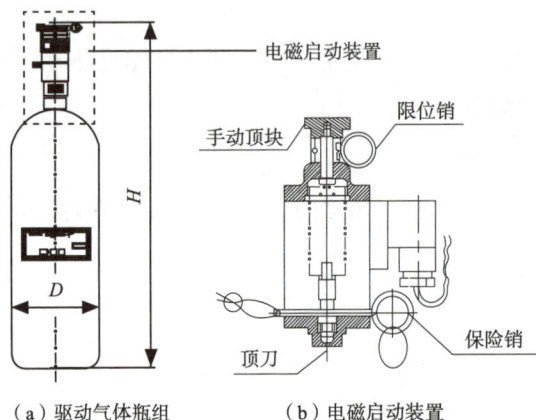

（a）驱动气体瓶组　　　　（b）电磁启动装置

图 5-3　驱动气体瓶组及电磁启动装置

（2）驱动气体瓶组装配说明

①自动、手动启动时，当发生火警时，火灾报警控制器输出启动信号（DC24V、1.5A），对应的驱动气体瓶组容器阀上电磁驱动装置内电磁铁吸合，刺针刺破膜片，开启驱动气体容器阀，释放驱动气体瓶组内的高压氮气，通过气控管路控制依次开启与其相应的选择阀、灭火剂瓶组容器阀，释放灭火剂。

②机械应急启动时，首先拔出电磁驱动装置的上限位装置，手动拍击（按下）手动按钮，开启驱动气体瓶组。如恰遇驱动气体瓶组无压力或因故障检修，则应依次顺序手动开启灭火防护区对应的选择阀、灭火剂瓶组，释放灭火剂。

③容器阀配有压力表开关，正常情况下可锁紧压力表开关，保证压力表处密封；在定期检查时，可松开扣紧螺母1圈查看钢瓶内气体压力。检查完毕后，应锁紧压力表开关。

④压力表带有开关，因此可在运输途中将压力表卸下及现场更换压力表。

⑤检查电磁驱动装置时，需要插入保险销，防止误操作，检查完毕时，拔出保险销。

（3）驱动气体瓶组安装注意事项

①拆装/更换压力表时，应确保扣紧螺母处于锁紧状态，并且注意不得随压力表转动。以免气体泄漏和接头松脱飞出，伤害人员。

②非紧急情况下，严禁拔出限位装置，按压手动按钮，否则会造成系统误启动。

（4）驱动气体瓶组基本参数

驱动气体瓶组基本参数如表 5-4 所示。

驱动气体瓶组基本参数表　　　　　表 5-4

规格型号	充装压力（MPa）	工作压力（MPa）	容积（L）	总高 H（mm）	工作电压（V）	工作电流（A）
QQP8/6.0	6.0	6.6	8	720	DC24	≤1.5

4. 瓶架

气体灭火系统的瓶架是用于固定和支撑储存灭火气体钢瓶的装置，其安装必须符合安全标准和规范。

（1）瓶架结构

瓶架主要由左柱、中柱、右柱、上横梁、下横梁、管箍等组成。瓶架分为单排瓶架和双排瓶架，由方钢管、型材等经焊接、拼装而成，如图 5-4 所示。

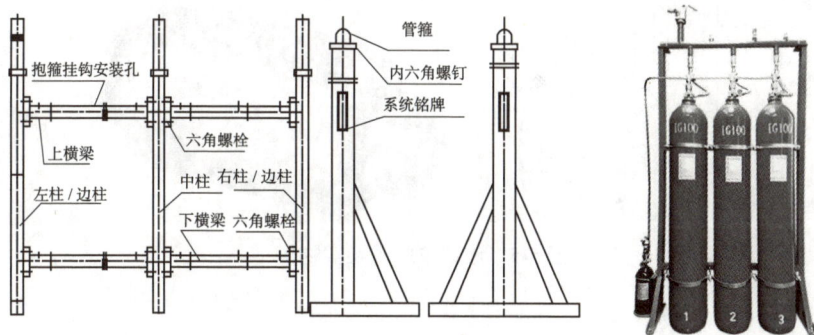

图 5-4　瓶架及实物图

（2）瓶架装配说明

瓶架用来固定灭火剂瓶组、支撑集流管，防止瓶组和集流管工作时晃动。安装方法如下：

①认知瓶架结构，清点瓶架主要部件数量，并依据工程设计方案图确定安装位置，准备安装。

②如图 5-4 所示，从左到右依次安装各单元瓶架的组件；瓶架的始端为左柱，末端为右柱，每扩展 1 个单元增加 1 个中柱；逐个单元安装，并用六角螺栓 M10×25 连接。

③瓶架各单元应摆正调直，然后将集流管安装至瓶架上，并用管箍固定，整体美观，然后紧固所有螺栓、螺钉。

④瓶组采用连箍（挂钩共用）或单箍形式固定；为保证瓶组安装安全，应在每个瓶组就位后即安装其抱箍挂钩，依次安装所有瓶组；最后统一调整抱箍及挂钩，进行紧固。

5.1.3 阀门装配工艺

1. 液体单向阀

气体灭火系统的液体单向阀主要作用是确保灭火剂只能单向流动，防止已喷放的灭火剂倒流。

（1）液体单向阀结构

液体单向阀主要由阀体、阀芯组成，如图 5-5 所示。

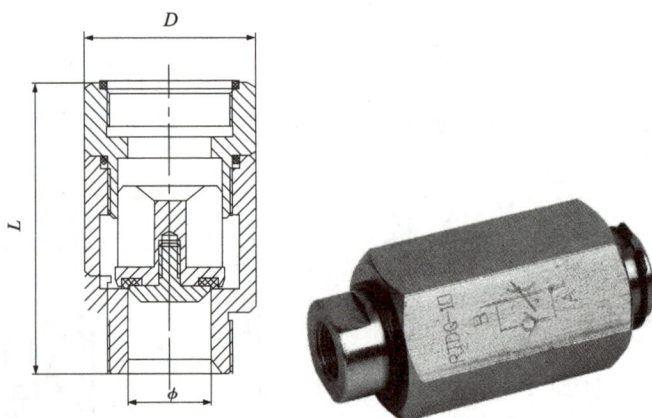

图 5-5　液体单向阀及实物图

（2）液体单向阀装配说明

①液体单向阀用于防止灭火剂从集流管向瓶组内倒流；上端与集流管的单向阀座相连，下端与连接管相连，且应垂直安装（注意：阀门的箭头方向朝上）。

②当释放灭火剂时，灭火剂流经连接管，顶起液体单向阀阀芯，汇集在集流管中。

（3）液体单向阀基本参数

液体单向阀基本参数如表 5-5 所示。

液体单向阀基本参数表　　　　　表 5-5

规格型号	通径 ϕ（mm）	外径 D（mm）	连接螺纹 M_1	连接螺纹 M_2	长度 L（mm）
QYD32/5.3	32	66	M48×2	M48×2	108
QYD40/5.3	40	80	M60×2	M60×2	123

续表

规格型号	通径 ϕ（mm）	外径 D（mm）	连接螺纹 M_1	连接螺纹 M_2	长度 L（mm）
QYD50/5.3	50	94	M68×2	M72×2	132
QYD32/8	32	54	M45×2	RC1/2	90
QYD40/8	40	65	M52×2	RC3/8	110

2. 气体单向阀

气体灭火系统的气体单向阀主要保证气体流动的方向性，防止介质回流，从而保障系统有效运作。

（1）气体单向阀结构

气体单向阀主要由阀体、阀芯等组成，如图 5-6 所示。

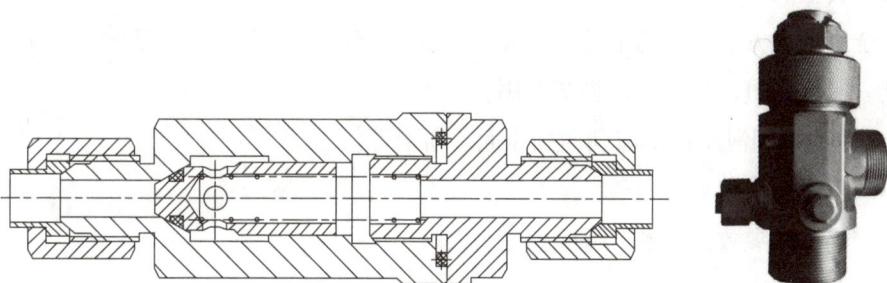

图 5-6　气体单向阀及实物图

（2）气体单向阀装配说明

气体单向阀用于组合分配系统中，安装在气控管路中，可控制驱动气体单向流动。

注意：气体单向阀有安装方向要求，必须与工程设计方案一致，否则系统将失效。

（3）气体单向阀基本参数

气体单向阀基本参数如表 5-6 所示。

气体单向阀基本参数表　　　　　　　　　　表 5-6

规格型号	工作压力（MPa）	开启压力（MPa）	公称通径（mm）	两端连接螺纹
QD6/17.2	17.2	≤ 0.1	6	M10×1.5，ϕ8 扩口

3. 安全阀

气体灭火系统的安全阀，也称为安全泄压阀，是一种重要的保护装置，在系统内部压力超出安全范围时释放多余的压力，以维持系统的安全性和稳定性。

（1）安全阀结构

安全阀主要由阀体、安全爆破膜片总成及安全阀帽组成，如图5-7所示。

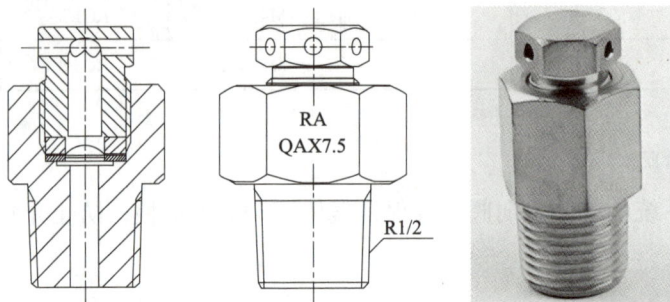

图 5-7　安全阀及实物图

（2）安全阀装配说明

安全阀通常安装在集流管上的一侧，当集流管中压力大于允许值时，安全爆破膜片爆破，泄放压力，起到保护系统作用。

注意：安全阀泄压口不应朝向操作面、通道等。

（3）安全阀基本参数

安全阀基本参数如表5-7所示。

安全阀基本参数表　　　　　　　　　　表 5-7

规格型号	膜片爆破压力（MPa）	连接螺纹
QA×7.5	7.5 ± 0.375	R1/2
QA×11	11 ± 0.55	R1/2

4. 选择阀

气体灭火系统的选择阀是一种重要的组件，用于在发生火灾时控制和引导灭火剂流向特定的防护区域。

（1）选择阀结构

选择阀主要由阀体、阀芯、压臂、转臂、手柄及驱动气缸等组成，如图5-8所示。

（2）选择阀装配说明

①选择阀用于组合分配系统中，可控制灭火剂流向的防护区域。选择阀安装在集流管的选择阀座上，每个防护区设一个。伺应状态时，选择阀关闭。当对应的防护区发生火情时，驱动气体通过气控管路首先开启选择阀，然后再开启灭火剂瓶组，释放灭火剂并汇集在集流管内，流经开启的选择阀，通过管路及喷嘴喷射到防护区内。

②机械应急操作说明：当火情发生时，驱动气体无法打开选择阀时应采取机械应急操作，将发生火情的防护区对应的选择阀手柄向选择阀中心方向旋转（按逆时针方向推动手柄约 30°，转轴转动，选择阀压臂即不被转轴卡压），即可打开选择阀（图 5-8）。

注意：选择阀安装到现场后必须检查压板所处位置，压板应压在销轴之下并固定，确保选择阀处于正常关闭状态，避免系统实施灭火时发生误开启情况。

警告：非紧急情况，严禁人员扳动手柄，以免造成误动作。

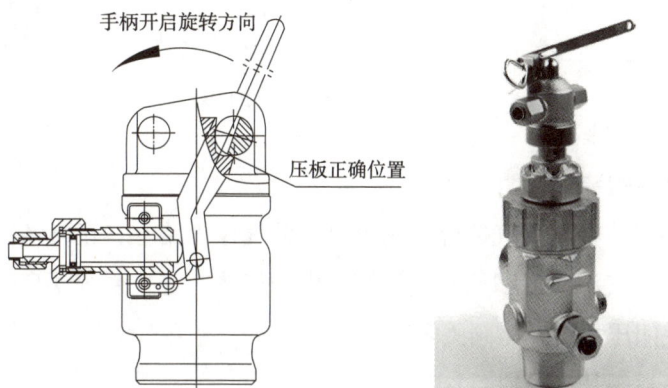

图 5-8　选择阀及实物图

（3）选择阀基本参数

选择阀基本参数如表 5-8 所示。

选择阀基本参数表　　　　　　　　　　　　　　　　　　　　　表 5-8

规格型号	通径（mm）	工作压力（MPa）	螺纹尺寸及连接方式
XZ32/17.2	32	17.2	RC1-1/4
XZ40/17.2	40	17.2	RC1-1/2
XZ50/17.2	50	17.2	RC2
XZ65/17.2	65	17.2	RC2-1/2
XZ80/17.2	80	17.2	RC3
XZ100/17.2	100	17.2	DN100 法兰连接
XZ125/17.2	125	17.2	DN125 法兰连接
XZ150/17.2	150	17.2	DN150 法兰连接

5. 低泄高封阀

气体灭火系统的低泄高封阀用于防止系统由于驱动气体泄漏的累积而引起错误动作。

（1）低泄高封阀结构

低泄高封阀主要由阀体、阀芯、阀帽、弹簧、O 形圈等组成，如图 5-9 所示。

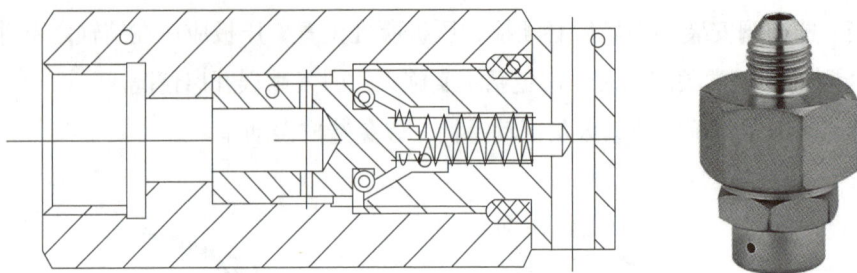

图 5-9　低泄高封阀及实物图

（2）低泄高封阀装配说明

低泄高封阀安装在驱动气体容器阀出口处的气控管路上，正常情况下处于开启状态，用来排除由于气源泄漏积聚在气控管路内的气体，防止系统误启动。当气控管路内压力达到其关闭压力时，该阀关闭。

（3）低泄高封阀基本参数

低泄高封阀基本参数如表 5-9 所示。

低泄高封阀基本参数表　　　　　　　　　　　　　　　表 5-9

规格型号	公称工作压力（MPa）	关闭压力（MPa）
QDG0.3/6.6	6.6	0.3

5.1.4　其他装置

1. 信号反馈装置

气体灭火系统的信号反馈装置是用于监测并传递系统状态信息的关键组件，它能够实时监控系统的工作状态，并在发生火灾时及时将动作信号反馈给控制系统。

（1）信号反馈装置结构

信号反馈装置主要由外壳、连接座、微动开关、活塞杆等组成，如图 5-10 所示。

（2）信号反馈装置装配说明

信号反馈装置安装于选择阀出口处的管道上（需在合适位置进行开孔并焊接附带的阀座），当释放的气体灭火剂通过管道时，气体压力推动信号反馈装置活塞，接通微动开关，使火灾报警控制器面板指示灯显亮，显示系统启动。

注意：灭火后，信号反馈装置动作，系统恢复正常工作状态时，必须手动复位。

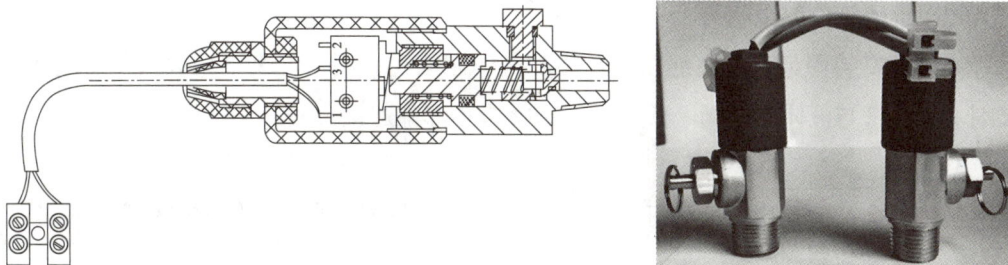

图 5-10 信号反馈装置及实物图

（3）信号反馈装置基本参数

信号反馈装置基本参数如表 5-10 所示。

信号反馈装置基本参数表 表 5-10

规格型号	公称工作压力（MPa）	动作压力（MPa）
XF0.67/17.2	17.2	0.67
XF0.8/17.2	17.2	0.8

2. 集流管

气体灭火系统的集流管用于汇集和分配灭火剂至不同的防护区域。集流管通常位于灭火剂储瓶和喷放区域之间，负责将灭火剂从储瓶输送到各个防护区的喷头或释放点。

（1）集流管结构

集流管主要由无缝钢管（管道）、弯头、选择阀进口接头（接套）、液体单向阀接头、端面堵头、法兰和安全阀座等组成，如图 5-11 所示。

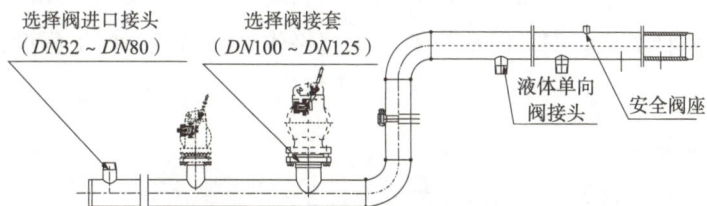

图 5-11 集流管及实物图

（2）集流管装配说明

集流管安装固定在灭火剂瓶架及驱动气体瓶架上，用于汇集来自灭火剂瓶组的灭火剂。集流管与液体单向阀、安全阀、选择阀等部件连接。

3. 喷嘴

气体灭火系统的喷嘴负责将灭火剂均匀且高效地喷洒到指定的防护区域。

（1）喷嘴结构

喷嘴主要由喷嘴体、装饰罩（有罩喷嘴）组成，如图 5-12 所示。

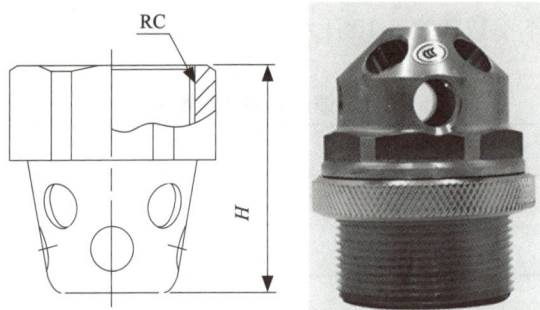

图 5-12　喷嘴及实物图

（2）喷嘴型号说明

QPT*/*W：第一个"*"代表喷嘴规格代号，第二个"*"代表喷嘴通径，"W"代表无罩喷嘴（无"W"代表有罩喷嘴）。

（3）喷嘴装配说明

喷嘴安装在防护区内，用来喷洒灭火剂，在短时间内使其均匀充满防护区。喷嘴分有罩和无罩两种类型。安装时应注意喷嘴规格代号和通径，按工程设计方案在指定位置安装。

（4）喷嘴基本参数

喷嘴基本参数如表 5-11 所示。

喷嘴基本参数表　　　　　　　　　　　　　　　　　　表 5-11

通径（mm）	DN15	DN20	DN25	DN32	DN40	DN50
连接螺纹 RC	RC1/2	RC3/4	RC1	RC1-1/4	RC1-1/2	RC2
高度 H（mm）	39	39	46	56	63	72.5
外径 D（mm）	140	140	140	140	140	140

4.连接管

气体灭火系统的连接管用于连接系统的各个部件，确保灭火剂能够有效地从储瓶传输到喷嘴。连接管像系统的"血管"一样，负责将灭火剂从储存源输送到需要的地方。

（1）连接管结构

连接管主要由不锈钢波纹管和不锈钢丝制套组成，两端有连接螺母，如图 5-13 所示。

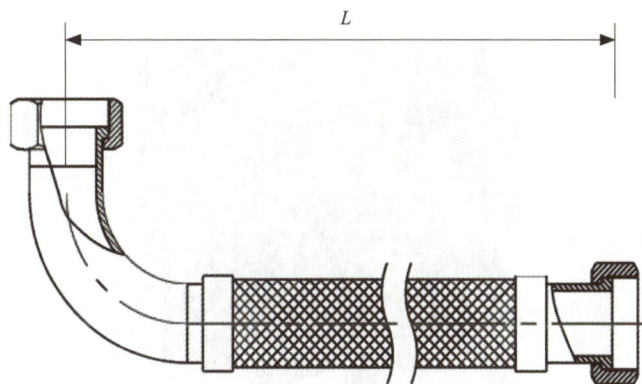

图 5-13 连接管

（2）连接管装配说明

连接管用于灭火剂瓶组容器阀（出口）与液体单向阀（进口）的连接。两端采用 O 形圈密封。由于连接管是挠性部件，安装方便，能起到压力缓冲作用。

（3）连接管基本参数

连接管基本参数如表 5-12 所示。

连接管基本参数表　　　　　　　　　　　　　　　表 5-12

规格型号	公称通径（mm）	工作压力（MPa）	连接螺纹	总长度 L（mm）
QRG32/5.3	32	5.3	M45×2	400
QRG40/5.3	40	5.3	M60×2	500
QRG50/5.3	50	5.3	M68×2	600
QRG32/8	32	8	M45×2	400
QRG40/8	40	8	M52×2	500

5.2　泡沫灭火系统装配工艺

泡沫灭火系统装配是保证灭火系统质量的重要环节，影响系统的技术经济性能和使用性能，与普通机械产品相比，零件数量相对较少，但装配步骤及要点基本相同，部件结构也类似水灭火系统。

泡沫灭火系统主要由水喷淋系统、比例混合器、泡沫液供液装置等组成，泡沫液供液装置如图 5-14 所示。

图 5-14　泡沫液供液装置

当发生火灾时，闭式喷头玻璃球达到动作温度爆破，系统侧管网内的玻璃球喷头流动。报警阀打开，从报警口流出的水经延迟器后驱动水力警铃报警，压力开关动作。同时，一部分水流向泡沫液控制阀，泡沫液控制阀开启，定比减压阀工作失效。正常压力的泡沫液与消防水在比例混合器处混合，形成合格的泡沫混合液，流向已经爆破的喷头实施灭火。泡沫灭火系统与气体灭火系统装配工艺的不同之处主要在于泡沫罐、湿式报警阀、泡沫比例混合装置等。

5.2.1　泡沫灭火系统装配工艺须知

1. 泡沫罐的作用

泡沫灭火系统的泡沫罐用于储存灭火所需的泡沫灭火剂，确保这些灭火剂能够在需要时迅速且有效地释放。

2. 泡沫罐主要结构

（1）瓶身：通常由高密度聚乙烯材料制成，具有很好的韧性和耐用性，能承受高压下的变形和磨损。

（2）泵头：泵头是泡沫罐的核心部件，通常由几个小零件组成，包括活塞、弹簧、阀门等。当用户按下泵头，泵头内的物质被压缩，形成一个压力区域，泵头下面的阀门就会打开，从而使泵头内的物质通过喷嘴喷出来。

（3）喷嘴：喷嘴通常位于泵头顶部，是喷出物质的通道，通过旋转喷嘴，用户可以改变喷雾的方向和范围。

（4）盖子：盖子用于覆盖泡沫罐的瓶身，保护泵头和喷嘴不受外部灰尘和污染物的侵害，同时也可以防止意外泄漏。

泡沫罐装置如图 5-15 所示。

图 5-15　泡沫罐装置

3. 泡沫罐装配说明

（1）按照《泡沫灭火系统技术标准》GB 50151—2021 有关规定安装。

（2）泡沫罐体应水平安放在施工图设计位置，罐体基座下方应做 30～50cm 的钢筋混凝土基础，可预埋固定螺栓或用膨胀螺栓固定。

（3）比例混合器进水端法兰与进水管连接，出口端法兰与保护区管网或雨淋阀连接。

4. 泡沫罐装配注意事项

（1）所选用的泡沫液的混合比应与泡沫比例混合器的混合比例相同。

（2）对于水溶性液体，必须选用抗溶性泡沫液或抗溶性水成膜泡沫液。

（3）充装泡沫液时，应保持胶囊内清洁，不得与不同型号的泡沫液混合。

（4）不得在超出工作压力范围内的情况下使用泡沫比例混合装置。

5.2.2　泡沫灭火系统设备装配工艺

泡沫灭火系统设备装配主要涉及湿式报警阀。湿式报警阀是火灾发生时启动报警和联动消防设备。湿式报警阀的功能是在火灾情况下，响应闭式喷头的开启，释放水流并通过一系列配套部件发出报警信号，同时启动消防水泵等设备进行灭火。

1. 湿式报警阀主要结构

（1）阀体：是湿式报警阀的重要部分，用来封闭或打开水流通道，通常采用球墨铸铁或铸钢材质。

（2）进口接合器：连接进水管道和湿式报警阀的进口部分，通常采用铜制材料。

（3）出口接合器：连接湿式报警阀和放水装置，通常采用铜制材料。

（4）报警装置：通常位于湿式报警阀的上部，用于发出报警信号。

湿式报警阀如图 5-16 所示。

图 5-16　湿式报警阀

2. 湿式报警阀装配说明

（1）保证阀瓣从关闭位置到开启最大位置摆动灵活。

（2）按照国家标准《自动喷水灭火系统 第 2 部分：湿式报警阀、延迟器、水力警铃》GB 5135.2—2003 进行调试和检验。

3. 湿式报警阀装配注意事项

检测合格后，除延迟器、水力警铃外，均涂刷大红醇酸磁漆 2 遍，涂层应色泽均匀，无龟裂、剥落、明显流痕、气泡、划伤等缺陷。

5.2.3　泡沫比例混合装置装配工艺

泡沫灭火系统的泡沫比例混合装置负责将水和泡沫浓缩液按照一定比例混合，以产生适合灭火的泡沫混合液。

1. 泡沫比例混合装置主要结构

该装置由储罐、胶囊、比例混合器、压力表、阀门、管道等组成。由泵供给压力水，当压力水流经比例混合器时一部分压力水（3%～6%）由支管进入泡沫液罐内挤压胶囊，置换出等量泡沫液与另一部分水（97%～94%）在比例混合器内混合成泡沫混合液，提供给泡沫产生装置，产生空气泡沫进行灭火。

2. 泡沫比例混合装置装配说明

（1）该装置应安装在室内或有防护棚的场所，避免日晒雨淋，环境温度应保持在 0～40℃，装置四周应留有足够空间以利于操作和维护保养，装置应安装在混凝土基础上，校平并用地脚螺栓固定。

（2）安装完毕后应与系统进行水压试验，首先打开罐体排气阀和加液口，把水注入胶囊，水满后关闭加液口和排气阀，系统加压，当罐内压力升高到系统试验压力时保持压力

图 5-17　泡沫比例混合
装置外形

10min，装置不应有渗漏现象，试验结束后关闭进水阀，打开排水阀和排液阀将罐和胶囊内的水放尽。

3. 泡沫比例混合装置装配注意事项

（1）需定期检查装置的各个部件，必须保证无泄漏、无锈蚀、无损伤。

（2）泡沫液应在生产厂家规定的期限内使用,每半年对罐内的泡沫液进行一次检测,确保泡沫液的化学成分和性能符合相关标准要求。

4. 泡沫比例混合装置外形及装配尺寸

常见泡沫比例混合装置的外形如图 5-17 所示，其安装尺寸见表 5-13。

泡沫比例混合装置基本参数表　　　　　　　　　　表 5-13

型号	容积 （m³）	D （mm）	L_1 （mm）	L_2 （mm）	B （mm）	B_1 （mm）	H （mm）	H_1 （mm）	质量 （kg）
PHYM/5	0.5	800	1000	650	1000	650	1850	1200	650
PHYM/7	0.7	900	1000	650	1000	650	1850	1200	750
PHYM/10	1.0	1000	1160	700	1160	700	2200	1200	820
PHYM/15	1.5	1000	1160	700	1160	700	2800	1200	1050
PHYM/20	2.0	1200	1400	800	1400	800	2700	1200	1350
PHYM/30	3.0	1400	1600	90	1600	900	2900	1200	1750
PHYM/50	5.0	1800	2000	1100	2000	1100	3000	1200	2400

注：D 为直径，L 为侧面长度，B 为侧面宽度，H 为侧面高度。

5.3 二氧化碳灭火系统罐体排气阀间接管道连接实训

5.3.1 实训概述

气体灭火系统中，二氧化碳灭火系统比较常用。二氧化碳罐体排气阀间接管道连接是二氧化碳灭火系统管道安装的重要组成部分。该管道将二氧化碳罐体排气阀与高压氧气罐相连，确保二氧化碳灭火器罐体排气阀能够在紧急情况下正常运作。

本实训以二氧化碳灭火系统管道连接为例，完成二氧化碳灭火系统罐体排气阀间接管道连接的安装。

5.3.2 物资清单

二氧化碳灭火系统罐体排气阀间接管道连接安装元器件、材料、工具清单，如表 5-14 所示，实物如图 5-18 所示。

二氧化碳灭火系统罐体排气阀间接管道连接安装元器件、材料、工具清单 表 5-14

名称	型号 / 材料参数	数量	备注
紫铜管	Φ8	3m	
配套零件	Φ8 三通、开关、单向阀	5 个	
螺母	Φ8，铜管喇叭口专用螺母	12 个	
割刀	VTC-28B Φ4-28mm	1 把	
锉刀	细牙扁锉	1 把	
倒角器	/	1 个	
弯管器	Φ8	1 把	
扩管器	手动 CT-1227-L	1 套	
卷尺	长 3m	1 把	
钢尺	长 0 ~ 500mm	1 把	
直角尺	—	1 把	
扳手	活动扳手	2 把	
检漏泡沫	铜管检漏适用型	1 支	
手套	—	1 双	
生料带	—	若干	

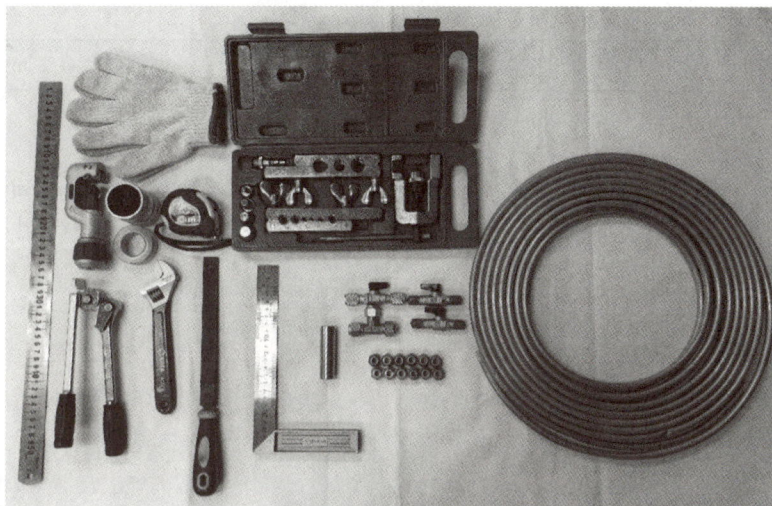

图 5-18　二氧化碳灭火系统罐体排气阀间接管道连接安装元器件、材料、工具实物图

本实训的材料主要是紫铜管，利用上述工具，将紫铜管打喇叭口，按尺寸要求弯管，然后连接，完成元器件安装。

5.3.3　实施过程

安装前，需要检查元器件是否符合要求、是否有质量问题等。二氧化碳灭火系统罐体排气阀间接管道连接安装过程如表 5-15 所示。

二氧化碳灭火系统罐体排气阀间接管道连接安装过程　　　　表 5-15

序号	步骤	安装照片	注意事项 / 说明
1	利用割刀截取适合长度紫铜管		根据需要连接的两个罐体之间的空间距离，选取规格适合的紫铜管，量取适合的长度，利用割刀截断。注意截取过程使用割刀的力度，保持紫铜管端口的完整，并要求节省紫铜管材料，避免浪费
2	利用割刀切断铜管，用锉刀和倒角器处理端口毛刺		刚切断的紫铜管端口毛刺锋利，要避免在操作过程被割伤，正确使用倒角器和锉刀，修整好端口

续表

序号	步骤	安装照片	注意事项 / 说明
3	利用扩管器对端口进行扩管		放入螺母，正确使用扩管器进行扩管，注意喇叭口的大小以及其内壁的光滑度，确保密封要求
4	量好连接罐体之间的空间尺寸，利用弯管器将铜管在适合位置折弯		注意连接罐体之间的空间尺寸要求，弯管过程注意不要将弯曲位置折变形，弯曲位置和弯曲角度要求尺寸精准，以免影响整体美观
5	利用扳手，将中间三通、气瓶上的开关接头连接		连接紧固过程注意扳手的借力位置和用力的大小，避免扭紧力度过大将喇叭口压爆，也要避免力度过小造成密封不足
6	利用扳手，将管道连接固定		按顺序连接管道
7	利用高压氮气进行加压检漏		在检漏过程注意充注的压力高低，充气过程要缓慢，承受压力的高低要符合相关要求

续表

序号	步骤	安装照片	注意事项 / 说明
8	整体安装检查		安装完毕后，按照规范对所连接的紫铜管进行整体检查，确保管道布置合理，做到横平竖直，尺寸准确，管道外部完整

注：安装参照《工业金属管道工程施工质量验收规范》GB 50184—2011。

按 9S 管理要求，整理场地工位和工具材料、打扫卫生。

5.3.4　考核评价

对应学习目标，采用过程性评价和终结性评价相结合的方式进行考核。

过程性评价主要是根据课程实际情况，老师组织各小组进行自评、互评和师评。终结性评价，主要对各小组的完成结果进行考核、测试和评价，终结性评价由老师组织各小组质检员组成质检小组，对每小组的完成结果进行评价打分。二氧化碳灭火系统罐体排气阀间接管道连接实训终结性评价如表 5-16 所示。

二氧化碳灭火系统罐体排气阀间接管道连接实训终结性评价表　　表 5-16

序号	评价项目	评价要求	评价明细	评分标准	得分
1	安装前准备工作（10分）	劳保用品穿戴	是否符合要求	0～5	
		检查配件、工具、材料	是否检查	0～5	
2	安装工艺（20分）	扳手、割刀使用是否正确	每错 1 次扣 1 分	0～5	
		弯管是否正确	每错 1 次扣 1 分	0～5	
		喇叭口是否口平滑、圆整	每错 1 处扣 1 分	0～5	
		扩管、螺母、三通位置是否合适，方向是否颠倒	每错 1 处扣 1 分	0～5	
3	安装完成度（10分）	是否在规定的时间内完成安装	每超时 1 分钟扣 1 分	0～10	

续表

序号	评价项目	评价要求	评价明细	评分标准	得分
4	安装质量 （50分）	连接是否松动、倾斜	每错1处扣5分	0～10	
		管道及配件是否破损、变形	每错1处扣5分	0～10	
		管道配件位置及安装是否符合规范要求	每错1处扣5分	0～10	
		重大缺陷	铜管是否折扁、破损，与系统连接图是否存在不同之处，每处扣10分	0～20	
5	9S管理 （10分）	职业素养	是否符合9S管理要求，每错1处扣2分	0～10	
合计				100	

复习思考题

1. 简述二氧化碳灭火系统罐体排气阀间接管道连接安装的主要步骤。

2. 简述在二氧化碳灭火系统罐体排气阀间接管道连接安装过程中，如何进行螺母的紧固操作，以确保螺母连接的可靠性和安全性。

气体灭火系统安装、调试和验收

第 6 章

学习目标

1. 掌握气体灭火系统组件、管件（材）安装前检查的方法和要求；

2. 熟悉气体灭火系统组件安装的要求；

3. 掌握气体灭火系统检测验收和调试等方法和要求。

气体灭火系统的安装、调试及验收是一项重要的工作任务，需要消防专业人员具备机械安装与电气安装等综合知识和技能。气体灭火系统的安装、调试和验收必须严格遵循相关规范和标准，使系统符合设计参数和安全要求，每个组件都能达到预期的工作性能和安全标准，同时保证系统的稳定性和可靠性。

6.1 气体灭火系统的安装

6.1.1 气体灭火系统安装的一般规定

气体灭火系统的安装包含了灭火剂储存装置的安装、选择阀及信号反馈装置的安装、阀驱动装置的安装、灭火剂输送管道的安装、喷嘴等灭火设备的安装，要根据相关标准及规定进行安装。

阀门、管道及支、吊架的安装除应符合《气体灭火系统施工及验收规范》GB 50263—2007 的规定外，尚应符合现行国家标准《工业金属管道工程施工规范》GB 50235—2010 中有关规定。

1. 灭火剂储存装置的安装

（1）储存装置的安装位置应符合设计文件的要求。

（2）灭火剂储存装置安装后，泄压装置的泄压方向不应朝向操作面；低压二氧化碳灭火系统的安全阀应通过专用的泄压管接到室外。

（3）储存装置上压力计、液位计、称重显示装置的安装位置应便于人员观察和操作。

（4）储存容器的支架、框架应固定牢靠，并应做防腐处理。

（5）储存容器宜涂红色油漆，正面应标明设计规定的灭火剂名称和储存容器的编号。

（6）安装集流管前应检查内腔，确保清洁。

（7）集流管上的泄压装置的泄压方向不应朝向操作面。

（8）连接储存容器与集流管间的单向阀的流向指示箭头应指向介质流动方向。

（9）集流管应固定在支架、框架上；支架、框架应固定牢靠，并做防腐处理。

（10）集流管外表面宜涂红色油漆。

2. 选择阀及信号反馈装置的安装

（1）选择阀操作手柄应安装在操作面一侧，当安装高度超过 1.7m 时，应采取便于操作的措施。

（2）采用螺纹连接的选择阀，其与管网连接处宜采用活接。

（3）选择阀的流向指示箭头应指向介质流动方向。

（4）选择阀上应设置标明防护区或保护对象名称或编号的永久性标志牌，并应便于观察。

（5）信号反馈装置的安装应符合设计要求。

3. 阀驱动装置的安装

（1）拉索式机械驱动装置的安装应符合下列规定：

①拉索除必要外露部分外，应采用经内外防腐处理的钢管防护。

②拉索转弯处应采用专用导向滑轮。

③拉索末端拉手应设在专用的保护盒内。

④拉索套管和保护盒应固定牢靠。

（2）安装采用重力式机械驱动装置时，应保证重物在下落行程中无阻挡，其下落行程应保证驱动所需距离，且不得小于 25mm。

（3）电磁驱动装置驱动器的电气连接线，应沿固定灭火剂储存容器的支架、框架或墙面固定。

（4）气动驱动装置的安装应符合下列规定：

①驱动气瓶的支架、框架或箱体应固定牢靠，并做防腐处理。

②驱动气瓶上应有标明驱动介质名称、对应防护区或保护对象名称或编号的永久性标志，并应便于观察。

（5）气动驱动装置的管道安装应符合下列规定：

①管道布置应符合设计要求。

②竖直管道应在其始端和终端设防晃支架或采用管卡固定。

③水平管道应采用管卡固定，管卡的间距不宜大于 0.6m，转弯处应增设 1 个管卡。

（6）气动驱动装置的管道安装后应做气压严密性试验，并合格。

4. 灭火剂输送管道的安装

（1）灭火剂输送管道连接应符合下列规定：

①采用螺纹连接时，管材宜采用机械切割；螺纹不得有缺纹、断纹等现象；螺纹连接的密封材料应均匀附着在管道的螺纹部分，拧紧螺纹时，不得将填料挤入管道内；安装后的螺纹根部应有 2 ~ 3 条外露螺纹；连接后，应将连接处外部清理干净并做防腐处理。

②采用法兰连接时，衬垫不得凸入管内，其外边缘宜接近螺栓，不得放双垫或偏垫连接法兰的螺栓，直径和长度应符合标准，拧紧后，凸出螺母的长度不应大于螺杆直径的 1/2，且有不少于 2 条外露螺纹。

③已做防腐处理的无缝钢管不宜采用焊接连接，与选择阀等个别连接部位需采用法兰焊接连接时，应对被焊接损坏的防腐层进行二次防腐处理。

（2）管道穿过墙壁、楼板处应安装套管。套管公称直径比管道公称直径至少应大 2 级，穿墙套管长度应与墙厚相等，穿板套管长度应高出地板 50mm。管道与套管间的空隙应采用防火封堵材料填塞密实。当管道穿越建筑物的变形缝时，应设置柔性管段。

（3）管道支、吊架的安装应符合下列规定：

①管道应固定牢靠，管道支、吊架的最大间距应符合表 6-1 的规定。

②管道末端应采用防晃支架固定，支架与末端喷嘴间的距离不应大于 500mm。

③公称直径大于或等于 50mm 的主干管道，垂直方向和水平方向至少应各安装 1 个防晃支架；当穿过建筑物楼层时，每层应设 1 个防晃支架；当水平管道改变方向时，应增设防晃支架。

管道支、吊架之间最大间距　　　　　　表 6-1

DN（mm）	15	20	25	32	40	50	65	80	100	150
最大间距（m）	1.5	1.8	2.1	2.4	2.7	3	3.4	3.7	4.3	5.2

（4）灭火剂输送管道安装完毕后，应进行强度试验和气压严密性试验。

（5）灭火剂输送管道的外表面宜涂红色油漆。

在吊顶内、活动地板下等隐蔽场所内的管道，可涂红色油漆色环，红色环宽度不应小于 50mm。每个防护区或保护对象的色环宽度应一致，间距应均匀。

5. 喷嘴的安装

（1）安装喷嘴时，应按设计要求逐个核对型号、规格及喷孔方向。

（2）安装在吊顶下的不带装饰罩的喷嘴，其连接管管端螺纹不应露出吊顶；安装在吊顶下的带装饰罩的喷嘴，其装饰罩应紧贴吊顶。

6. 预制灭火系统的安装

（1）柜式气体灭火装置、热气溶胶灭火装置等预制灭火系统及其控制器、声光报警器的安装位置应符合设计要求，并固定牢靠。

（2）柜式气体灭火装置、热气溶胶灭火装置等预制灭火系统装置周围空间环境应符合设计要求。

7. 控制组件的安装

（1）灭火控制装置的安装应符合设计要求，防护区内火灾探测器的安装应符合国家标准《火灾自动报警系统施工及验收标准》GB 50166—2019 的规定。

（2）设置在防护区处的手动、自动转换开关应安装在防护区入口便于操作的部位，安装高度为中心点距地（楼）面 1.5m。

（3）手动启动、停止按钮应安装在防护区入口便于操作的部位，安装高度为中心点距地（楼）面 1.5m；防护区的声光报警装置安装应符合设计要求，并应安装牢固，不得倾斜。

（4）气体喷放指示灯宜安装在防护区入口的正上方。

6.1.2　二氧化碳灭火系统的安装

1. 二氧化碳灭火系统的一般安装要求

（1）容器组、阀门，配管系统、喷嘴等安装都应牢固可靠（移动式除外）。

（2）管道敷设时，还应考虑灭火剂流动过程中，温度变化引起管道长度变化。

（3）管道安装前，应进行内部防锈处理；安装后，未装喷嘴前，应用压缩空气吹扫内部。

（4）各种灭火管路应有明确标记，并须核对无误。

（5）从灭火剂容器到喷嘴之间设有选择阀或截止阀的管道，应在容器与选择阀之间安装安全装置，其安全工作压力为（15±0.75）MPa。

（6）灭火系统的使用说明牌或示意图表，应设置在控制装置的专用站（室）内明显的位置；其内容应有灭火系统操作方法、有关路线走向及灭火剂排放后再灌装方法等资料。

（7）容器瓶头阀到喷嘴的全部配管连接部分均不得松动或漏气。

2. 安装位置的选择

（1）容器组

①容器及其阀门、操作装置等，最好设置在被保护区域以外的专用站（室）内，站（室）内应尽量靠近被保护区，人员要易于接近；平时应关闭，不允许无关人员进入。

②容器储存地点的温度在 0～40℃。

③容器不能受日光直接照射。

④容器应设在振动、冲击、腐蚀等影响小的地点；在容器周围不得有无关的物件，以免妨碍设备检查、维修和平稳可靠地操作。

⑤容器储存的地点应安装足够亮度的照明装置。

⑥储瓶间内，储存容器可单排布置或双排布置，其操作面距离或相对操作面之间的距离不宜小于 1m。

⑦储存容器必须固定牢固，固定件及框架应做防腐处理。

⑧储瓶间设备的全部手动操作点，应有标明对应防护区名称的耐久标志。

（2）喷嘴

①全淹没系统

喷嘴的位置应使喷出的灭火剂在保护区域内迅速而均匀地扩散。喷嘴应安装在靠近顶棚的地方。当房高超过 5m 时，应在房高约 1/3 的平面上装设附加喷嘴。当房高超过 10m 时，应在房高 1/3 和 2/3 的平面上安装附加喷嘴。

②局部应用系统

喷嘴的数量和位置，以使保护对象的所有表面均在喷嘴的有效射程内为准。喷嘴的喷射方向应对准被保护物，不要设在喷射灭火剂时会使可燃物飞溅的位置。

（3）探测器

探测器除了按一般的要求设置外，由报警器引向探测器的电线，应尽量与电力电缆分开敷设，并应尽量避开可能受电信号干扰的区域或设备。

（4）报警器

声响报警器一般设在有人值班、尽量远离容易发生火灾的地方，应设在保护区域内或离保护对象 25m 以内、工作人员都能听到警报的地点。

如需要监控的地点不多，则安装 1 台报警器即可；如需要监控的地方较多，就需要总报警器和区域报警器联合使用。

全淹没系统报警装置的电器设备，应设置在发生火灾时无燃烧危险且易维修和不易受损坏的地点。

（5）启动、操纵装置

①启动容器应安装在灭火剂钢瓶组附近安全地点，环境温度应在 40℃ 以下。

②报警接收显示盘、灭火控制盘等均应安装在值班室内的同一操纵箱内。

③启动器和电气操纵箱安装高度一般为 0.8~1.5m。

6.1.3　七氟丙烷灭火系统安装

1. 七氟丙烷灭火系统施工前准备

（1）施工前应具备的技术资料

①施工设计图、设计说明书、系统及主要组件的使用维护说明书和安装手册。

②系统组件的出厂合格证（或质量保证书）、国家消防产品质量检验机构出具的型式检验报告、管道及配件的出厂检验报告与合格证、进口产品的原产地证书。

（2）施工应具备的条件

①防护区和储存间设置条件与设计要求相符。

②系统组件与主要材料齐全，且品种、型号、规格符合设计要求。

③系统所需的预埋件和预留孔洞符合设计要求。

（3）施工前应进行系统组件检查

①外观检查应符合下列规定：

a. 无碰撞变形及机械性损伤。

b. 表面涂层完好。

c. 外露接口设有防护装置且封闭良好，接口螺纹和法兰密封面无损伤。

d. 铭牌清晰。

e. 同一集流管的灭火剂储存容器规格应一致。

②灭火剂的实际储存压力不应低于相应温度下储存压力的 10%，且不应超过 5%。

③系统安装前应对驱动装置进行检查，并符合下列规定：

a. 电磁驱动装置的电源、电压应符合设计要求；电磁驱动装置应满足系统启动要求，且动作灵活无卡阻。

b. 气动驱动装置或储存容器的气体压力和气量应符合设计要求，单向阀阀芯应启闭灵活无卡阻。

2. 七氟丙烷灭火系统的安装要求

（1）应按设计施工图纸和相应的技术文件进行施工；当需要进行修改时，应经原设计单位同意。

（2）应按规定的内容做好施工记录。

（3）灭火剂储存容器的安装应符合下列规定：

①储存容器上的压力指示器应朝向操作面，安装高度和方向应一致。

②储存容器正面应有灭火剂名称标志和储存容器编号，进口产品应设中文标识。

（4）气体驱动管的安装应符合下列规定：

①用螺纹连接的管件，宜采用扩口式管件连接或密封带、密封胶密封，但螺纹的前二牙不应有密封材料，以免堵塞管道。

②驱动管应固定牢靠，必要时应设固定支架和防晃支架。

（5）集流管的安装应符合下列规定：

①集流管的安装高度应根据储存容器的高度确定，并应用支、框架固定。

②集流管的两端安装螺纹管帽或法兰盖作集污器。

（6）灭火剂输送管道安装应符合下列规定：

①管道穿过墙壁、楼板处应安装套管；穿墙套管的长度应和墙厚相等，穿过楼板的套管应高出楼面 50mm；管道与套管间的空隙应用柔性不燃烧材料填实。

②管道应固定牢靠，管道支、吊架的最大间距应符合表 6-1 的规定。

③所有管道的末端应安装一个长度为 50mm 的螺纹管帽作集污器。

④管道末端及喷嘴处应采用支架固定，管道长度不应大于 300mm，且不应阻挡喷嘴喷放。

⑤管道变径可采用异径套筒、异径管、异径三通或异径弯头。

⑥管道安装前管口应倒角，管道应清理和吹净。

⑦用螺纹连接的管件应符合相关规定。

（7）选择阀的安装应符合下列规定：

①选择阀应有强度试验报告。

②选择阀的操作手柄应安装在操作面一侧，当安装高度超过 1.7m 时，应采取便于手动操作的措施。

③采用螺纹连接的选择阀，其与管道连接处宜采用活接头。

（8）驱动装置的安装应符合下列规定：

①电磁驱动装置的电气连接线应沿储存容器的支、框架或墙面固定。

②拉索式手动驱动装置应固定牢靠、动作灵活，在行程范围内不应有障碍物。

（9）灭火剂输送管道安装完毕后，应进行水压强度试验和气压严密性试验，并应符合下列要求：

①水压强度试验的试验压力，应为储存压力的 1.5 倍，稳压 3min，检查管道各连接处应无明显滴漏，目测管道无明显变形。

②气压严密性试验压力等于储存压力，试验时应逐步缓慢增加压力，当压力升至试验压力的 50% 时，如未发现异常状况或泄漏，继续按试验压力的 10% 逐级升压，每级稳压 3min，直至试验压力。稳压 3min 后，以涂刷肥皂水方法检查，无气泡产生为合格。

③不宜进行水压强度试验的防护区，可用气压强度试验代替，必须经设计单位和建设单位同意并应采取有效的安全措施后，才能采用压缩空气或氮气做气压强度试验。试验压力应为储存压力的1.2倍，应先做预试验，试验压力宜为0.2MPa，然后逐步缓慢增加压力，当压力升至试验压力的50%时，如未发现异常状况或泄漏，继续按试验压力的10%逐级升压，每级稳压3min，直至试验压力。稳压3min后，再将压力降至管道的工作压力。目测管道应无明显变形。

（10）水压强度试验后或气压严密性试验前，管道要进行吹扫，并应符合以下要求：

①吹扫管道可采用压缩空气或氮气。

②吹扫完毕，用白布检查，直至无铁锈、尘土、水渍及其他杂物出现。

（11）灭火剂输送管道的外表面应涂红色油漆。

在吊顶内、活动地板下等隐蔽场所内的管道，可涂红色油漆色环。每个防护区的色环宽度、间距应一致。

（12）喷嘴的安装要求：

①喷嘴安装前，应与施工设计图纸上标明的型号规格和喷孔方向逐个核对，并应符合设计要求。

②安装在吊顶下的喷嘴，其连接螺纹不应露出吊顶；喷嘴挡流罩应紧贴吊顶安装。

（13）施工完毕，防护区中的管道穿越孔洞时应用不燃材料封堵。

3. 系统施工安全要求

（1）防护区内的灭火浓度。应校核设计最高环境温度下的最大灭火浓度，并应符合以下规定：

①对于经常有人工作的防护区，防护区内最大灭火浓度不应超过表6-2中的NOAEL值。

②对于经常无人工作的防护区，或平时虽有人工作但能保证在系统报警后30s延时结束前撤离的防护区，防护区内灭火剂最大浓度不宜超过表6-2中的LOAEL值。

七氟丙烷的生理毒性指标 V/V（%）　　　　　　　　表6-2

灭火剂名称	NOAEL	LOAEL
七氟丙烷	9	10.5

注：1. V/V描述气体在空气中的体积占比。
　　2. NOAEL——未观察到有害效应的剂量水平，化学物质只有超过一定剂量（阈值）才会造成毒性效应。
　　3. LOAEL——可观察到有害效应的最低剂量水平，毒性阈值。

（2）防护区内应设安全通道和出口，以保证现场人员在30s内撤离防护区。

（3）防护区内的疏散通道与出口应设置应急照明装置和灯光疏散指示标志。

（4）防护区的门应向疏散方向开启并能自动关闭，疏散出口的门在任何情况下均应能从防护区内打开。

（5）防护区应设置通风换气设施，可采用开启外窗自然通风、机械排风装置的方法，排风口应直通室外。

（6）系统零部件和灭火剂输送管道与带电设备应保持不小于表 6-3 所示的最小安全间距。

系统零部件和灭火剂输送管道与带电设备之间的最小安全间距　　表 6-3

带电设备额定电压（kV）	最小安全间距（m）	
	与未屏蔽带电导体	与未接地绝缘支撑体
10	2.6	2.5
35	2.9	
110	3.35	
220	4.3	

注：绝缘体包括所有形式的绝缘支架和悬挂的绝缘体、绝缘套管、电缆密封端等。

（7）当系统管道设置在有可燃气体、蒸气或有爆炸危险场所时，应设防静电接地。

（8）防护区内外应设置防护区内采用七氟丙烷灭火系统保护的警告标志。

6.2　气体灭火系统联动控制

6.2.1　气体灭火系统联动控制的一般规定

气体灭火系统的联动控制主要由气体灭火控制器、烟感火灾探测器、温感火灾探测器、手/自动转化开关、紧急启停按钮、声光报警器、气体喷洒指示灯（放气指示灯）以及手动报警按钮等设备组成。

气体灭火系统应由专用的气体灭火控制器控制，气体灭火控制器用于联动控制气体灭火系统，主要有两种形式：

（1）带火灾探测报警功能的气体灭火控制器。此类控制器可以接入火灾探测器和各类联动控制模块，具备火灾自动报警和气体灭火控制功能，可以组成一个独立的系统；发生火灾时，气体灭火控制器接收火灾探测器或手动报警按钮的火警信号，发出联动控制指令，实现气体灭火控制功能（图 6-1）。

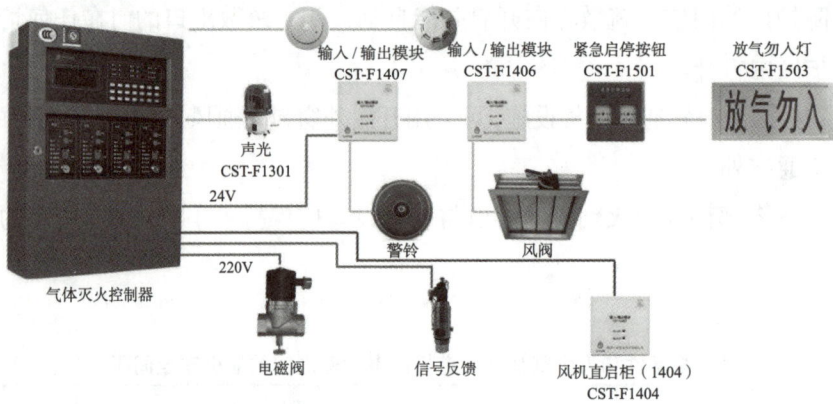

图 6-1　带火灾探测报警功能的气体灭火控制器

（2）不带火灾探测报警功能的气体灭火控制器。此类控制器只有单一的气体灭火控制功能，必须与火灾报警控制器配合使用；火灾探测器接入火灾报警控制器，发生火灾时，火灾报警控制器接收火灾探测器或手动火灾报警按钮的火警信号，向气体灭火控制器发出指令，再由气体灭火控制器联动控制相关部件，实现气体灭火控制功能，如图 6-2 所示。

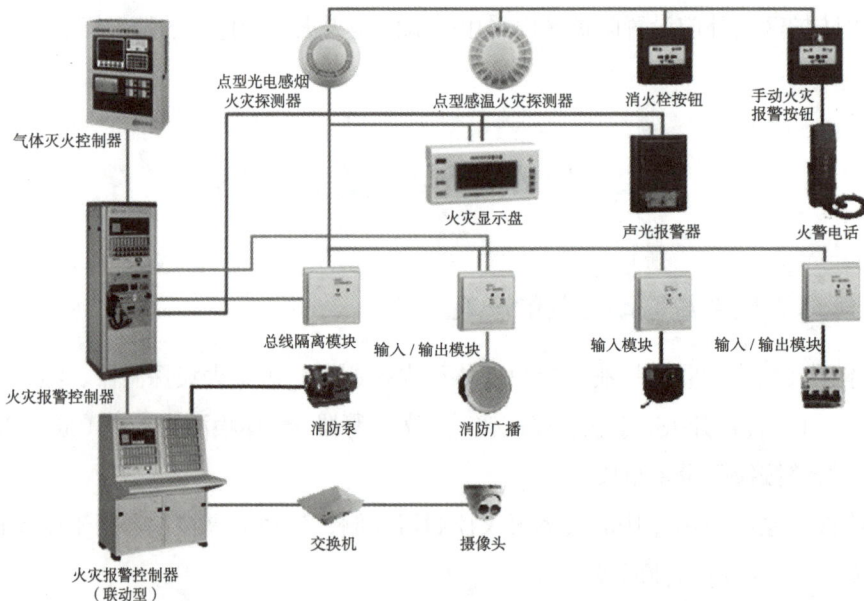

图 6-2　不带火灾探测报警功能的气体灭火控制器

消防联动控制器应能按设定的控制逻辑向各相关的受控设备发出联动控制信号，并接受相关设备的联动反馈信号，其电压控制输出应采用直流 24V，电源容量应满足受控消防设备同时启动且维持工作的控制容量要求。各受控设备接口的特性参数应与消防联动控制器发出的联动控制信号相匹配。消防水泵、防烟排烟风机的控制设备，除应采用联动控制方式外，还应在消防控制室设置手动直接控制装置，电流较大的消防设备宜分时启动。需要与火灾自动报警系统联动控制的消防设备，其联动触发信号应采用两个独立的报警触发装置报警信号的"与"逻辑组合。

6.2.2　气体灭火系统联动控制的要求

（1）气体灭火系统应由专用的气体灭火控制器控制。

（2）气体灭火控制器直接连接火灾探测器时，气体灭火系统的自动控制方式应符合下列规定：

1）应由同一防护区域内两只独立的火灾探测器的报警信号、一只火灾探测器与一只手动火灾报警按钮的报警信号或防护区外的紧急启动信号，作为系统的联动触发信号，探测器的组合宜采用感烟火灾探测器和感温火灾探测器。

2）气体灭火控制器在接收到满足联动逻辑关系的首个联动触发信号后，应启动设置在该防护区内的火灾声光警报器，且联动触发信号应为任一防护区域内设置的感烟火灾探测器、其他类型火灾探测器或手动火灾报警按钮的首次报警信号；在接收到第二个联动触发信号后，应发出联动控制信号，且联动触发信号应为同一防护区域内与首次报警的火灾探测器或手动火灾报警按钮相邻的感温火灾探测器、火焰探测器或手动火灾报警按钮的报警信号。

3）联动控制信号应包括下列内容：

①关闭防护区域的送（排）风机及送（排）风阀门。

②停止通风和空气调节系统及关闭设置在该防护区域的电动防火阀。

③联动控制防护区域开口封闭装置的启动，包括关闭防护区域的门、窗。

④启动气体灭火装置、气体灭火控制器，可设定不大于 30s 的延迟喷射时间。

4）平时无人工作的防护区，可设置为无延迟的喷射，应在接收到满足联动逻辑关系的首个联动触发信号后执行除启动气体灭火装置外的联动控制；在接收到第二个联动触发信号后，应启动气体灭火装置。

5）气体灭火防护区出口外上方应设置表示气体喷洒的火灾声光警报器，指示气体释放的声信号应与该保护对象中设置的火灾声警报器的声信号有明显区别。启动气体灭火装置的同时，应启动设置在防护区入口处表示气体喷洒的火灾声光警报器；组合分配系统应首先开启相应防护区域的选择阀，然后启动气体灭火装置。

气体灭火控制器直接连接火灾探测器的工作流程如图 6-3 所示。

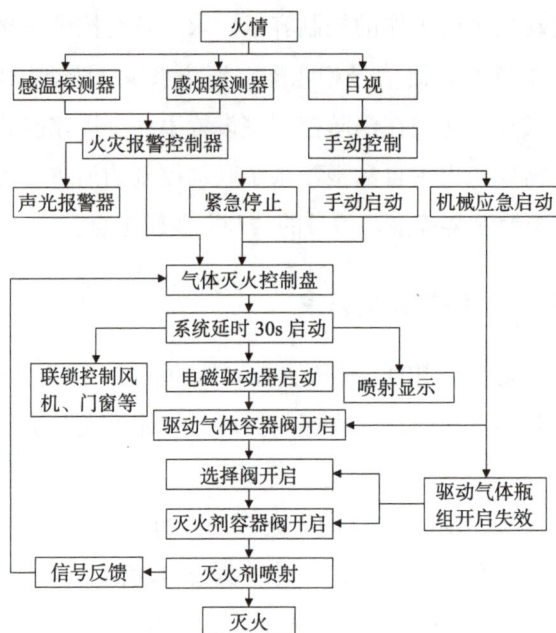

图 6-3　气体灭火控制器直接连接火灾探测器的工作流程

（3）气体灭火控制器不直接连接火灾探测器时，气体灭火系统的自动控制方式应符合下列规定：

1）气体灭火系统的联动触发信号应由火灾报警控制器或消防联动控制器发出。

2）气体灭火系统的联动触发信号和联动控制均应符合本书第 6.2.2 节第（2）条的规定。

（4）气体灭火系统的手动控制方式应符合下列规定：

1）在防护区疏散出口的门外应设置气体灭火装置的手动启动和停止按钮，手动启动按钮按下时，气体灭火控制器应执行符合第 6.2.2 节第（2）条中第 3）款和第 5）款规定的联动操作；手动停止按钮按下时，气体灭火控制器应停止正在执行的联动操作。

2）气体灭火控制器上应设置对应于不同防护区的手动启动和停止按钮，手动启动按钮按下时，气体灭火控制器应执行符合本书第 6.2.2 节第（2）条中第 3）款和第 5）款规定的联动操作；手动停止按钮按下时，气体灭火控制器应停止正在执行的联动操作。

（5）气体灭火装置启动及喷放各阶段的联动控制及系统的反馈信号，应反馈至消防联动控制器。系统的联动反馈信号应包括下列内容：

1）气体灭火控制器直接连接的火灾探测器的报警信号。

2）选择阀的动作信号。

3）压力开关的动作信号。

（6）在防护区域内设有手动与自动控制转换装置的系统，其手动或自动控制方式的工作状态应在防护区内、外的手动和自动控制状态显示装置上显示，该状态信号应反馈至消防联动控制器。

6.3 气体灭火系统的调试

6.3.1 气体灭火系统调试的一般规定

气体灭火系统的调试应在系统安装完毕，并宜在相关的火灾报警系统和开口自动关闭装置、通风机械和防火阀等联动设备的调试完成后进行。

气体灭火系统调试前应具备完整的技术资料，并应符合《气体灭火系统施工及验收规范》GB 50263—2007 第 3.0.2 条和第 5.1.2 条的规定。

调试前应按《气体灭火系统施工及验收规范》GB 50263—2007 第 4 章和第 5 章的规定检查系统组件和材料的型号、规格、数量以及系统安装质量，并应及时处理所发现的问题。进行调试试验时，应采取可靠措施，确保人员和财产安全。调试项目应包括模拟启动试验、模拟喷气试验和模拟切换操作试验，并应按表 6-4 填写施工过程检查记录。调试完成后应将系统各部件及联动设备恢复正常状态。

气体灭火系统工程施工过程检查记录　　　　　　　　　　表 6-4

工程名称				
施工单位		监理单位		
施工执行规范名称及编号	《气体灭火系统施工及验收规范》GB 50263—2007	子分部工程名称		系统调试
分项工程名称	质量规定（规范条款）	施工单位检查记录		监理单位检查记录
模拟启动试验	6.2.1			
模拟喷气试验	6.2.2			
备用灭火剂储存容器模拟切换操作试验	6.2.3			
调试人员：（签字）			年　月　日	
施工单位项目负责人：（签章）		监理工程师：（签章）		
	年　月　日			年　月　日

6.3.2　气体灭火系统的调试及其检查方法

1. 模拟启动试验

调试时，应对所有防护区或保护对象按《气体灭火系统施工及验收规范》GB 50263—2007 的规定进行系统手动、自动模拟启动试验，并应合格。

（1）手动模拟启动试验

按下手动启动按钮，观察相关动作信号及联动设备动作是否正常（如发出声、光报警，启动输出端的负载响应，关闭通风空调、防火阀等）。人工使压力信号反馈装置动作，观察相关防护区门外的气体喷放指示灯是否正常。

（2）自动模拟启动试验

①将灭火控制器的启动输出端与灭火系统相应防护区驱动装置连接。驱动装置应与阀门的动作机构脱离。也可以用一个启动电压、电流与驱动装置的启动电压、电流相同的负载代替。

②人工模拟火警使防护区内任意一个火灾探测器动作，观察单一火警信号输出后相关报警设备动作是否正常（如警铃、蜂鸣器发出报警声等）。

③人工模拟火警使该防护区内另一个火灾探测器动作，观察复合火警信号输出后相关动作信号及联动设备动作是否正常（如发出声、光报警，启动输出端的负载，关闭通风空调、防火阀等）。

（3）模拟启动试验结果应符合下列规定

①延迟时间与设定时间相符，响应时间满足要求。

②有关声、光报警信号正确。

③联动设备动作正确。

④驱动装置动作可靠。

2. 模拟喷气试验

调试时，应对所有防护区或保护对象按《气体灭火系统施工及验收规范》GB 50263—2007 的规定进行模拟喷气试验，并应合格。柜式气体灭火装置、热气溶胶灭火装置等预制灭火系统的模拟喷气试验，宜各取 1 套分别按产品标准中有关联动试验的规定进行试验。

（1）模拟喷气试验的条件应符合下列规定：

① IG541 混合气体灭火系统及高压二氧化碳灭火系统应采用其充装的灭火剂进行模拟喷气试验。试验采用的储存容器数应为选定试验的防护区或保护对象设计用量所需容器总数的 5%，且不得少于 1 个。

②低压二氧化碳灭火系统应采用二氧化碳灭火剂进行模拟喷气试验。试验应选定

输送管道最长的防护区或保护对象进行，喷放量不应小于设计用量的 10%。

③卤代烷灭火系统模拟喷气试验不应采用卤代烷灭火剂，宜采用氮气，也可采用压缩空气。氮气或压缩空气储存容器与被试验的防护区或保护对象用的灭火剂储存容器的结构、型号、规格应相同，连接与控制方式应一致，氮气或压缩空气的充装压力按设计要求执行。氮气或压缩空气储存容器数不应少于灭火剂储存容器数的 20%，且不得少于 1 个。

④模拟喷气试验宜采用自动启动方式。

（2）模拟喷气试验结果应符合下列规定：

①延迟时间与设定时间相符，响应时间满足要求。

②有关声、光报警信号正确。

③有关控制阀门工作正常。

④信号反馈装置动作后，气体防护区门外的气体喷放指示灯应工作正常。

⑤储存容器间内的设备和对应防护区或保护对象的灭火剂输送管道无明显晃动和机械性损坏。

⑥试验气体能喷入被试防护区内或保护对象上，且应能从每个喷嘴喷出。

3. 模拟切换操作试验

设有灭火剂备用量且储存容器连接在同一集流管上的系统，应按《气体灭火系统施工及验收规范》GB 50263—2007 的规定进行模拟切换操作试验，并应合格。模拟切换操作试验方法如下：

（1）按使用说明书的操作方法，将系统使用状态从主用量灭火剂储存容器切换为备用量灭火剂储存容器。

（2）按《气体灭火系统施工及验收规范》GB 50263—2007 的第 E.3.1 条的方法进行模拟喷气试验。

（3）试验结果应符合《气体灭火系统施工及验收规范》GB 50263—2007 第 E.3.2 条的规定，模拟喷气试验宜采用自动启动方式。

6.4 气体灭火系统的验收

6.4.1 气体灭火系统验收的一般规定

1. 系统验收时应具备的文件

（1）系统验收申请报告。

（2）施工现场质量管理检查记录。气体灭火系统工程的施工单位应符合下列规定：

①承担气体灭火系统工程的施工单位必须具有相应等级的资质。

②施工现场管理应有相应的施工技术标准、工艺规程及实施方案、健全的质量管理体系、施工质量控制及检验制度。施工现场质量管理检查记录（表6-5）应由施工单位质量检查员填写，监理工程师检查，并做出检查结论。

施工现场质量管理检查记录　　　　　　　　　　　　　　　　表 6-5

工程名称		施工许可证	
建设单位		项目负责人	
设计单位		项目负责人	
监理单位		项目负责人	
施工单位		项目负责人	

序号	项目	内容
1	现场质量管理制度	
2	质量责任制	
3	主要专业工种人员操作上岗证书	
4	施工图审查情况	
5	施工组织设计、施工方案及审批	

注：施工过程若用到其他表格，则应作为附件一并归档。

（3）气体灭火系统工程施工前应具备下列条件：

①经批准的施工图、设计说明书及其设计变更通知单等设计文件应齐全。

②成套装置与灭火剂储存容器及容器阀、单向阀、连接管、集流管、安全泄放装置、选择阀、阀驱动装置、喷嘴、信号反馈装置、检漏装置、减压装置等系统组件，灭火剂输送管道及管道连接件的产品出厂合格证和市场准入制度要求的有效证明文件应符合规定。

③系统中采用的不能复验的产品，应具有生产厂家出具的同批产品检验报告与合格证。

④系统及其主要组件的使用、维护说明书应齐全。

⑤给水、供电、供气等条件满足连续施工作业要求。

⑥设计单位已向施工单位进行了技术交底。

⑦系统组件与主要材料齐全，其品种、规格、型号符合设计要求。

⑧防护区、保护对象及灭火剂储存容器间的设置条件与设计相符。

⑨系统所需的预埋件及预留孔洞等工程建设条件符合设计要求。

（4）竣工文件。

（5）施工过程检查记录。

（6）隐蔽工程验收记录。

2. 系统工程验收资料核查

系统工程验收应按《气体灭火系统施工及验收规范》GB 50263—2007 进行质量控制资料核查，如表 6-6 所示，并按《气体灭火系统施工及验收规范》GB 50263—2007 进行工程质量验收，如表 6-7 所示，验收项目有 1 项不合格时判定系统不合格。

气体灭火系统工程质量控制资料核查记录

表 6-6

工程名称		施工单位		
序号	资料名称	资料数量	核查结果	核查人
1	经批准的施工图、设计说明书及设计变更通知书			
	竣工图等其他文件			
2	成套装置与灭火剂储存容器及容器阀、单向阀、连接管、集流管、安全泄放装置、选择阀、阀驱动装置、喷嘴、信号反馈装置、检漏装置、减压装置等系统组件，灭火剂输送管道及管道连接件的产品出厂合格证和市场准入制度要求的有效证明文件			
	系统及其主要组件的使用、维护说明书			
3	施工过程检查记录，隐蔽工程验收记录			
核查结论				

验收单位	设计单位	施工单位	监理单位	建设单位
	（公章）	（公章）	（公章）	（公章）
	项目负责人： （签章） 年　月　日	项目负责人： （签章） 年　月　日	监理工程师： （签章） 年　月　日	项目负责人： （签章） 年　月　日

气体灭火系统工程质量验收记录　　　　　　　　表 6-7

工程名称				
施工单位		监理单位		
施工执行规范名称及编号	《气体灭火系统施工及验收规范》GB 50263—2007		子分部工程名称	系统验收
分项工程名称	质量规定（规范条款）	验收内容记录	验收评定结果	
防护区或保护对象与储存装置间验收	7.2.1			
	7.2.2			
	7.2.3			
	7.2.4			
设备和灭火剂输送管道验收	7.3.1			
	7.3.2			
	7.3.3			
	7.3.4			
	7.3.5			
	7.3.6			
	7.3.7			
	7.3.8			
系统功能验收	7.4.1			
	7.4.2			
	7.4.3			
	7.4.4			
验收结论				

验收单位	设计单位	施工单位	监理单位	建设单位
	（公章）	（公章）	（公章）	（公章）
	项目负责人：（签章）	项目负责人：（签章）	监理工程师：（签章）	项目负责人：（签章）
	年　月　日	年　月　日	年　月　日	年　月　日

系统验收合格后，应将系统恢复到正常工作状态。

验收合格后，应向建设单位移交按照《气体灭火系统施工及验收规范》GB 50263—2007 编制的资料，系统工程验收合格后，应提供下列文件、资料：

（1）施工现场质量管理检查记录。

（2）气体灭火系统工程施工过程检查记录。

（3）隐蔽工程验收记录。

（4）气体灭火系统工程质量控制资料核查记录。

（5）气体灭火系统工程质量验收记录。

（6）相关文件、记录、资料清单等。

6.4.2 防护区或保护对象与储存装置间验收

1. 防护区或保护对象验收

防护区或保护对象的位置、用途、划分、几何尺寸、开口、通风、环境温度、可燃物的种类、防护区围护结构的耐压、耐火极限及门窗可自行关闭装置应符合设计要求。

检查数量：全数检查。

检查方法：观察检查、测量检查。

2. 防护区下列安全设施的设置应符合设计要求

（1）防护区的疏散通道、疏散指示标志和应急照明装置。

（2）防护区内和入口处的声光报警装置、气体喷放指示灯、入口处的安全标志。

（3）无窗或固定窗扇的地上防护区和地下防护区的排气装置。

（4）门窗设有密封条的防护区的泄压装置。

3. 专用空气呼吸器或氧气呼吸器验收

全数检查专用的空气呼吸器或氧气呼吸器，采用观察检查的检查方法。

4. 储存装置验收

全数检查储存装置间的位置、通道、耐火等级、应急照明装置、火灾报警控制装置及地下储存装置间机械排风装置，应符合设计要求。采用观察检查、功能检查的检查方法。

5. 火灾报警控制装置及联动设备

火灾报警控制装置及联动设备应符合设计要求，全数检查火灾报警控制装置及联动设备。采用观察检查、功能检查的检查方法。

6.4.3 设备和灭火剂输送管道和系统功能验收

1. 设备和灭火剂输送管道验收

设备和灭火剂输送管道的验收如表 6-8 所示。

设备和灭火剂输送管道的验收 表 6-8

序号	验收项目	验收技术指标要求	检查数量	检查方法
1	灭火剂储存容器	灭火剂储存容器的数量、型号和规格、位置与固定方式、油漆和标志，以及灭火剂储存容器的安装质量应符合设计要求	全数检查	观察检查、测量检查
2	储存容器内的灭火剂	储存容器内的灭火剂充装量和储存压力应符合设计要求	称重检查按储存容器全数（不足 5 个的按 5 个计）的 20% 检查；储存压力检查按储存容器全数检查；低压二氧化碳储存容器按全数检查	称重、液位计或压力计测量
3	集流管	集流管的材料、规格、连接方式、布置及其泄压装置的泄压方向应符合设计要求和本书 6.1.1 节第 1 条中的集流管安装的有关规定	全数检查	观察检查、测量检查
4	选择阀及信号反馈装置	选择阀及信号反馈装置的数量、型号、规格、位置、标志及其安装质量，应符合设计要求和本书 6.1.1 节第 2 条中选择阀及信号反馈装置安装的有关规定	全数检查	观察检查、测量检查
5	阀驱动装置	阀驱动装置的数量、型号、规格和标志、安装位置，气动驱动装置中驱动气瓶的介质名称和充装压力，以及气动驱动装置管道的规格、布置和连接方式，应符合设计要求和本书 6.1.1 节第 3 条中阀驱动装置安装的有关规定	全数检查	观察检查、测量检查
6	驱动气瓶和选择阀的机械应急操作装置	1. 驱动气瓶和选择阀的机械应急手动操作处，均应有标明对应防护区或保护对象名称的永久标志。 2. 驱动气瓶的机械应急操作装置均应设安全销并加铅封，现场手动启动按钮应有防护罩	全数检查	观察检查、测量检查
7	灭火剂输送管道	灭火剂输送管道的布置与连接方式、支架和吊架的位置及间距、穿过建筑构件及其变形缝的处理、各管段和附件的型号规格以及防腐处理和涂刷油漆颜色，应符合设计要求和本书 6.1.1 节第 4 条中灭火剂输送管道安装的有关规定	全数检查	观察检查、测量检查
8	喷嘴	喷嘴的数量、型号、规格、安装位置和方向，应符合设计要求和本书 6.1.1 节第 5 条中喷嘴安装的有关规定	全数检查	观察检查、测量检查

2. 系统功能验收

（1）系统功能验收时，应进行模拟启动试验，并合格。

按防护区或保护对象总数（不足 5 个按 5 个计）的 20% 进行检查。按《气体灭火系统施工及验收规范》GB 50263—2007 第 E.2 节的规定模拟启动试验方法执行验收，详见本书第 6.3.2 节第 1 条。

（2）系统功能验收时，应进行模拟喷气试验，并合格。

组合分配系统不应少于 1 个防护区或保护对象，柜式气体灭火装置、热气溶胶灭火装置等预制灭火系统应各取 1 套。

按《气体灭火系统施工及验收规范》GB 50263—2007 第 E.3 节或按产品标准中有关联动试验的规定执行验收，检查方法详见本书第 6.3.2 节第 2 条。

（3）系统功能验收时，应对设有灭火剂备用量的所有系统进行模拟切换操作试验，并合格。

按《气体灭火系统施工及验收规范》GB 50263—2007 第 E.4 节的规定执行模拟喷气试验，按使用说明书的操作方法，将系统使用状态从主用量灭火剂储存容器切换为备用量灭火剂储存容器。按本书第 6.3.2 节第 2 条的模拟喷气试验条件执行。试验结果应符合本书第 6.3.2 节第 2 条的规定。

（4）系统功能验收时，应对主用、备用电源进行切换试验，并合格。检查方法是将系统切换到备用电源，按《气体灭火系统施工及验收规范》GB 50263—2007 第 E.2 节的规定执行。

6.5　气体灭火系统调试实训

6.5.1　实训概述

1. 单点火警信号测试

测试目的：验证单一火灾探测器触发后，现场报警设备的响应功能。

操作步骤：

（1）在防护区内选择任意一个火灾探测器（如感烟探测器），通过专用测试工具手动触发其报警信号。

（2）观察并记录以下设备动作：

①声光报警装置：是否发出预设的报警声响（如大于等于 85dB 的蜂鸣声）和闪烁警示灯。

②区域报警控制器：是否在显示屏上明确显示对应的探测器地址及火警状态。

2. 复合火警信号与联动控制测试

测试目的：验证多探测器协同触发时，系统的复合报警及联动控制功能。

操作步骤：

（1）在同一防护区内，先后触发第二个独立火灾探测器（如感温探测器），形成复合火警信号。

（2）观察并记录以下系统响应：

1）报警状态：

①警铃/蜂鸣器：是否同步增强报警音量或切换声光模式（如双频蜂鸣）。

②总线控制盘工作：是否自动点亮"火警"指示灯，并显示所有触发的探测器信息。

2）联动控制设备：是否启动预设的联动控制设备（如排烟风机、防火卷帘、应急照明等）。

6.5.2 物资清单

气体灭火系统教学实训装置如图 6-4 所示。气体灭火系统调试实训元器件、材料、工具清单如表 6-9 所示，实物图如图 6-5 所示。

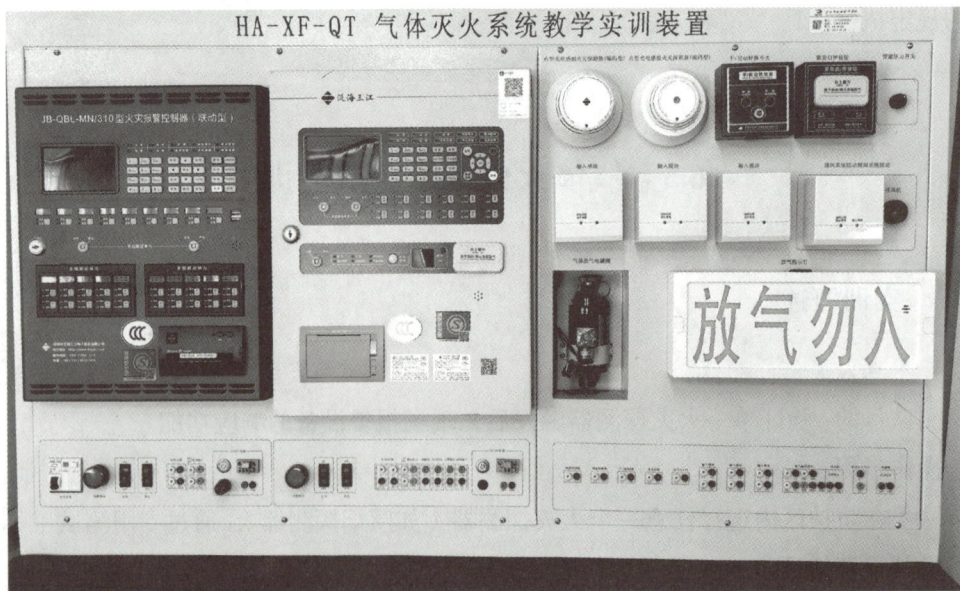

图 6-4 气体灭火系统教学实训装置

气体灭火系统调试实训元器件、材料、工具清单　　　　表 6-9

名称	型号 / 材料 / 工具参数	数量	备注
放气设备	含气体放气电磁阀、放气指示灯	1 套	
点型光电感烟探测器	JTY-GD-930	1 个	
点型光电感温探测器	TJW-2D-920	1 个	
编码器	CODER-F900B	1 台	
通风系统联动模拟系统模块	KZJ-956	1 个	
输入模块	JS-951	3 个	
紧急启停按钮	QM-AN-965	1 个	
手 / 自动转换盒	QM-MA-966	1 个	
消防报警控制器	JB-QBL-MN310	1 台	
气体灭火系统控制器	JB-QBL-QM210	1 台	
多功能火灾探测器检测装置	A119-YW	1 套	
万用表	MF47 型指针式	1 个	
试电笔	100 ~ 500V	1 支	
导线	0.5mm²	若干	

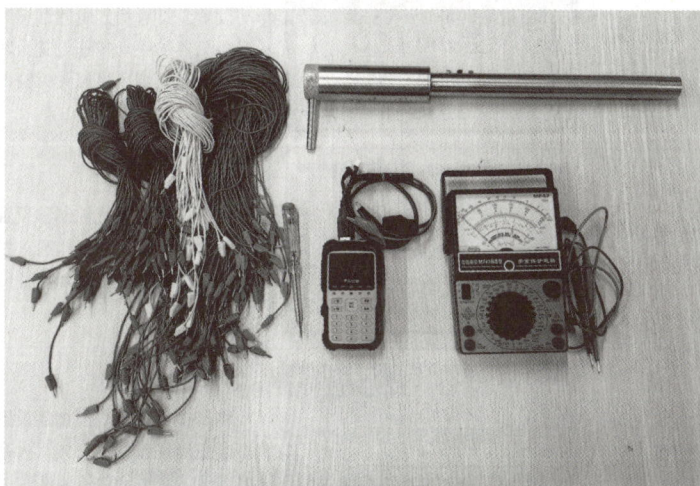

图 6-5　气体灭火系统调试实训元器件、材料、工具实物图（部分）

6.5.3　实施过程

先安装好气体灭火系统硬件设备，然后进行模拟机房中的气体灭火系统的调试；在调试前，需要检查零部件是否符合要求、是否有质量问题等。气体灭火系统调试过程如表 6-10 所示。

气体灭火系统调试过程（采用总线制控制）　　　表 6-10

序号	步骤	内容	注意事项/说明
1	根据电路图对气体灭火系统进行接线		根据系统电路图，运用带插口专用导线将各种元器件进行连接
2	录入设备的编码地址序号		在气体灭火系统控制器设计对应输入/输出模块的地址序号，用编码器按照对应的地址序号分别对感烟探测器、感温探测器、输入输出模块进行录入
3	完成设备在控制器中的定义		打开菜单的总线设置，录入探测器/模块的信号地址，并导入气体灭火系统控制器中
4	完成系统联动控制的编程		进入气体灭火系统控制器菜单，打开系统联动设置，将点型光电感烟探测器、点型光电感温探测器的手动按钮设置为联动条件，将放气指示灯、排烟风机设置为输出结果，设置完毕后保存
5	按下紧急启停按钮进行联动测试		将气体灭火系统控制器设置为自动状态，按下紧急启停按钮，气体灭火控制器接收到报警信号联动启动气体灭火装置、排烟风机
6	使用多功能火灾探测器检测装置，进行气体联动测试		将气体灭火系统控制器设置为自动状态，按下紧急启停按钮，气体灭火系统控制器接收到报警信号联动启动排烟风机

按 9S 管理要求，整理场地工位和工具材料、打扫卫生。

6.5.4　考核评价

气体灭火系统调试实训终结性评价如表 6-11 所示。

气体灭火系统调试实训终结性评价表　　　　表 6-11

序号	评价项目	评价要求	评价明细	评分标准	得分
1	调试前准备工作（10分）	劳保用品穿戴	是否符合要求	0～5	
		检查元器件、配件、工具材料	是否检查	0～5	
2	接线工艺（10分）	试电笔、万用表等使用是否正确	每错1次扣1分	0～5	
		配件、元器件位置及安装是否符合规范	每错1处扣1分	0～5	
3	接线完成度（10分）	是否在规定的时间内完成安装	每超时2分钟扣1分	0～10	
4	调试质量（60分）	设备安装正确	每错1处扣5分	0～10	
		设备编码正确	每错1处扣5分	0～10	
		联动编程正确、控制中设备定义正确	每错1处扣5分	0～10	
		接线正确，没有松动、露铜等	每错1处扣2分	0～10	
		重大缺陷	系统是否能够正常运行	0～20	
5	9S 管理（10分）	职业素养	是否符合 9S 管理要求，每错1处扣2分	0～10	
	合计			0～100	

复习思考题

1. 七氟丙烷灭火系统施工前应准备什么？简述七氟丙烷灭火系统的安装要求。
2. 气体灭火系统工程验收合格后，应提供哪些文件、资料？

泡沫灭火系统安装、调试和验收

第7章

学习目标

1. 掌握泡沫灭火系统组件安装前检查的方法和要求；
2. 熟悉泡沫灭火系统组件安装的要求；
3. 掌握泡沫灭火系统调试、验收方法和要求。

泡沫灭火系统的安装、调试及验收是一项重要的工作任务，需要消防专业人员具备机械安装与电气安装等综合知识和技能。泡沫灭火系统的安装过程中，需遵循相关的设计要求和安装规范，确保系统的稳定性和可靠性；调试过程中，应对系统的各项功能进行逐一测试，确保系统能够按照设计要求进行工作。

7.1　泡沫灭火系统的安装

7.1.1　泡沫灭火系统安装的一般规定

泡沫灭火系统除应符合《泡沫灭火系统技术标准》GB 50151—2021 的规定外，还应符合国家现行标准《工业金属管道工程施工规范》GB 50235—2010、《现场设备、工业管道焊接工程施工规范》GB 50236—2011 和《常压容器　第 1 部分：钢制焊接常压容器》NB/T 47003.1—2022 的有关规定。

消防泵安装，泡沫液储罐的安装，泡沫比例混合器（装置）的安装，管道、阀门和泡沫消火栓的安装，泡沫生产装置的安装是泡沫灭火系统施工的常见施工项目，均应符合相关标准和规定。

7.1.2　泡沫灭火系统设备的安装

1. 消防泵的安装

消防泵的安装应符合现行国家标准《风机、压缩机、泵安装工程施工及验收规范》GB 50275—2010 的有关规定。

（1）消防泵应整体安装在基础上，安装时对组件不得随意拆卸，确需拆卸时，应由制造厂进行拆卸。

（2）消防泵应以底座水平面为基准进行找平、找正。

（3）消防泵与相关管道连接时，应以消防泵的法兰端面为基准进行测量和安装。

（4）消防泵进水管吸水口处设置滤网时，滤网架的安装应牢固，便于清洗。

（5）当消防泵采用内燃机驱动时，内燃机冷却器的泄水管应通向排水设施。

（6）内燃机驱动的消防泵，其内燃机排气管的安装应符合设计要求；当设计无规定时应采用相同直径的钢管连接后通向室外。

（7）消防泵的出液管上设置的带控制阀的回流管，应符合设计要求，控制阀的安装高度距地面宜为 0.6 ~ 1.2m。

2. 泡沫液储罐的安装

（1）泡沫液储罐的安装位置和高度应符合设计要求。当设计无要求时，泡沫液储罐周围应留有满足检修需要的通道，其宽度不宜小于 0.7m，且操作面不宜小于 1.5m；当泡沫液储罐上的控制阀距地面高度大于 1.8m 时，应在操作面处设置操作平台或操作。储罐上应设置铭牌，并应标识泡沫液种类、型号、出厂日期和灌装日期、有效期及储量等内容，不同种类、不同牌号的泡沫液不得混存。

（2）常压泡沫液储罐的现场制作、安装和防腐应符合下列规定：

①现场制作的常压钢质泡沫液储罐，泡沫液管道出液口不应高于泡沫液储罐最低液面 1m，泡沫液管道吸液口距泡沫液储罐底面不应小于 0.15m，且宜做成喇叭口形。

②现场制作的常压钢质泡沫液储罐应进行严密性试验，试验压力应为储罐装满水后的静压力，试验时间不应小于 30min，目测应无渗漏。

③现场制作的常压钢质泡沫液储罐内、外表面应按设计要求防腐，并应在严密性试验合格后进行。

④常压泡沫液储罐的安装方式应符合设计要求，当设计无要求时，应根据其形状按立式或卧式安装在支架或支座上。支架应与基础固定，安装时不得损坏其储罐上的配管和附件。

⑤常压钢质泡沫液储罐与支座接触部位的防腐应符合设计要求，当设计无规定时，应按照加强防腐层的做法进行施工。

（3）泡沫液压力储罐安装时，支架应与基础牢固固定，且不应拆卸和损坏配管、附件；储罐的安全阀出口不应朝向操作面。

（4）设在泡沫泵站外的泡沫液压力储罐的安装应符合设计要求，并应根据环境条件采取防晒、防冻和防腐等措施。

3. 泡沫液压力储罐的安装

（1）泡沫液压力储罐上设有槽钢或角钢焊接的固定支架，安装时，采用地脚螺栓将支架与地面上混凝土浇筑的基础牢固固定；泡沫液压力储罐是制造厂家的定型设备，其上设有安全阀、进料孔、排气孔、排渣孔、人孔和取样孔等附件，出厂时都已安装好，并进行了试验。因此，在安装时不得随意拆卸或损坏，尤其是安全阀更不能随便拆动，安装时出口不能朝向操作面，否则影响安全使用。

（2）对于设置在露天的泡沫液压力储罐，需要根据环境条件采取防晒、防冻和防腐等措施。当环境温度低于0℃时，需要采取防冻设施；当环境温度高于40℃时，需要有降温措施；当安装在有腐蚀性的地区，如海边等，还需要采取防腐措施。因为温度过低，会妨碍泡沫液的流动；温度过高，各种泡沫液的发泡倍数均下降，析液时间短，灭火性能降低。

4. 泡沫比例混合器（装置）的安装

（1）安装时，要使泡沫比例混合器（装置）的标注方向与液流方向一致。各种泡沫比例混合器（装置）都有安装方向，在其上有标注，因此安装时不能装反，否则吸不进泡沫液或泵打不进去泡沫液，使系统不能灭火。所以，安装时要特别注意标注方向与液流方向须一致。

（2）泡沫比例混合器（装置）与管道连接处的安装要保证严密，不能有渗漏，否则将影响混合比。

5. 环泵式比例混合器的安装

（1）各部位连接顺序：环泵式比例混合器的进口要与消防泵的出口管段连接，环泵式比例混合器的出口要与消防泵的进口管段连接，环泵式比例混合器的进泡沫液口要与泡沫液储罐上的出液口管段连接。环泵式比例混合器如图7-1所示。环泵式比例混合器的限制条件较多，但其结构简单、工程造价低，且配套的泡沫液储罐为常压储罐，便于操作、维护、检修和试验。

（2）环泵式比例混合器安装标高的允许偏差为±10mm。

（3）为了使环泵式比例混合器在出现堵塞或腐蚀

图7-1　环泵式比例混合器

损坏时，备用的环泵式比例混合器能立即投入使用，备用的环泵式比例混合器需要并联安装在系统上，并要有明显的标志。

6. 压力式比例混合装置的安装

（1）压力式比例混合装置的压力储罐和比例混合器出厂前已经安装固定在一起，因此，压力式比例混合装置要整体安装。从外观上看，压力式比例混合装置有横式和立式两种，如图 7-2 所示。从结构上看，压力式比例混合装置又可分为无囊式压力比例混合装置和囊式压力比例混合装置两种。

（2）压力式比例混合装置的压力储罐进水管有 0.6 ~ 1.2MPa 的压力，而且通过压力式比例混合装置的流量也较大，有一定的冲击力，所以安装时压力式比例混合装置要与基础固定牢固。

图 7-2　压力式比例混合装置（左图为立式，右图为横式）

7. 平衡式比例混合装置的安装

（1）整体平衡式比例混合装置是由平衡压力流量控制阀和比例混合器两大部分组装在一起的，产品出厂前已进行了强度试验和混合比的标定，故安装时需要整体竖直安装在压力水的水平管道上，并在水和泡沫液进口的水平管道上要分别安装压力表，为了便于观察和准确测量压力值，压力表与平衡式比例混合装置进口处的距离不宜大于 0.3m。

（2）分体平衡式比例混合装置的平衡压力流量控制阀和比例混合器是分开设置的，流量调节范围相对要大一些，其平衡压力流量控制阀要竖直安装。

（3）水力驱动平衡式比例混合装置的泡沫液泵要水平安装，安装尺寸和管道的连接方式需要符合设计要求。

（4）平衡式比例混合装置由泡沫液泵、泡沫比例混合器、平衡压力流量控制阀及管道等组成。平衡式比例混合装置的比例混合精度较高，适用的泡沫混合液流量范围较大，泡沫液储罐为常压储罐。水力驱动平衡式比例混合装置如图 7-3 所示。

图 7-3　水力驱动平衡式比例混合装置

8. 管线式比例混合器的安装要求

（1）管线式比例混合器与环泵式比例混合器的工作原理相同，均是利用文丘里管的原理在混合腔内形成负压，在大气压力作用下将容器内的泡沫液吸到腔内与水混合。不同的是管线式比例混合器直接安装在主管线上。

管线式比例混合器的工作压力范围通常为 0.7 ~ 1.3MPa，压力损失在进口压力的 1/3 以上，混合比精度通常较差。为此它主要用于移动式泡沫系统，且许多是与泡沫炮、泡沫枪、泡沫产生器装配一体使用的，在固定式泡沫灭火系统中很少使用。管线式比例混合器如图 7-4 所示。

（2）为减少压力损失，管线式比例混合器的安装位置要靠近储罐或防护区。

（3）为保证管线式比例混合器能够顺利吸入泡沫液，使混合比维持在正常范围内，管线式比例混合器的吸液口与泡沫液储罐或泡沫液桶最低液面的高度差不得大于 1m。

图 7-4　管线式比例混合器

9.管道的安装

（1）水平管道安装时，其坡度坡向应符合设计要求，且坡度不应小于设计值；在防火堤内要以3‰的坡度坡向防火堤，在防火堤外应以2‰的坡度坡向放空阀，以便于管道放空，防止积水，避免在冬季冻裂阀门及管道。另外，当出现U形管时要有放空措施。

（2）立管应用管卡固定在支架上，管卡间距不应大于设计值，以确保立管的牢固性，使其在受外力作用和自身泡沫混合液冲击时不会损坏。

（3）埋地管道安装应符合下列规定：

①埋地管道的基础应符合设计要求。

②埋地管道安装前应做好防腐，安装时不应损坏防腐层。

③埋地管道采用焊接时，焊缝部位应在试压合格后进行防腐处理。

④埋地管道在回填前应进行隐蔽工程验收，合格后及时回填，分层夯实，并进行记录。

（4）管道安装的允许偏差应符合表7-1的要求。

管道安装的允许偏差（单位：mm）　　　　　　　　表 7-1

项目			允许偏差
坐标	地上、架空及地沟	室外	25
		室内	15
	泡沫喷淋	室外	15
		室内	10
	埋地		60
标高	地上、架空及地沟	室外	±20
		室内	±15
	泡沫喷淋	室外	±15
		室内	±10
	埋地		±25
水平管道平直度	$DN \leqslant 100$		2L‰，最大50
	$DN > 100$		3L‰，最大80
立管垂直度			5L‰，最大30
与其他管道成排布置间距			15
与其他管道交叉时外壁或绝热层间距			20

注：L—管段有效长度；DN—管公称直径。

（5）管道支、吊架安装应平整牢固，管墩的砌筑应规整，其间距应符合设计要求。

（6）当管道穿过防火堤、防火墙、楼板时，应安装套管。穿防火堤和防火墙时套管的长度不应小于防火堤和防火墙的厚度，穿楼板时套管长度应高出楼板50mm，底部应与楼板底面相平；管道与套管间的空隙应采用防火材料封堵，管道穿过建筑物的变形缝时，应采取保护措施。

（7）管道安装完毕应进行水压试验，并应符合下列规定：

①试验应采用清水，试验时，环境温度不应低于5℃；当环境温度低于5℃时应采取防冻措施。

②试验压力应为设计压力的1.5倍。

③试验前应将泡沫产生装置、泡沫比例混合器（装置）隔离。

④试验合格后应进行记录。

（8）管道试压合格后，应用清水冲洗；冲洗合格后，不得再进行影响管内清洁的其他施工，并应进行记录。

（9）地上管道应在试压、冲洗合格后进行涂漆防腐。

10. 泡沫混合液管道的安装

（1）储罐上的泡沫混合液立管与防火堤内地上水平管道或埋地管道用金属软管连接，不得损坏其编织网，并应在金属软管与地上水平管道的连接处设置管道支架或管墩，如图7-5所示。

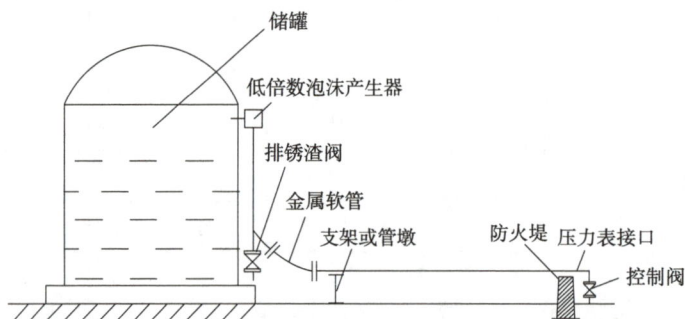

图7-5　支架或管墩安装示意图

（2）储罐上泡沫混合液立管下端设置的锈渣清扫口与储罐基础或地面的距离宜为0.3～0.5m；锈渣清扫口可采用闸阀或盲板封堵；当采用闸阀时，应竖直安装。

（3）当外浮顶储罐的泡沫喷射口设置在浮顶上，且泡沫混合液管道采用的耐压软管从储罐内通过时，耐压软管安装后的运动轨迹不得与浮顶的支撑结构相碰，且与储罐底部伴热管的距离应大于0.5m。

（4）外浮顶储罐梯子平台上设置的带闷盖的管牙接口，应靠近平台栏杆安装，并宜高出平台 1m，其接口应朝向储罐；引至防火堤外设置的相应管牙接口，应面向道路或朝下。

（5）连接泡沫产生装置的泡沫混合液管道上设置的压力表接口宜靠近防火堤外侧，并应竖直安装。

（6）泡沫产生装置入口处的管道应用管卡固定在支架上，其出口管道在储罐上的开口位置和尺寸应符合设计及产品要求。

（7）泡沫混合液主管道上留出的流量检测仪器安装位置应符合设计要求。

（8）泡沫混合液管道上试验检测口的设置位置和数量应符合设计要求。

11. 液下喷射和半液下喷射泡沫管道的安装

（1）液下喷射泡沫喷射管的长度和泡沫喷射口的安装高度，应符合设计要求。当液下喷射 1 个喷射口设在储罐中心时，其泡沫喷射管应固定在支架上；当液下喷射和半液下喷射设有 2 个及以上喷射口，并沿罐周均匀设置时，其间距偏差不宜大于 100mm。

（2）半固定式系统的泡沫管道，在防火堤外设置的高背压泡沫产生器快装接口应水平安装。

（3）液下喷射泡沫管道上的防油品渗漏设施宜安装在止回阀出口或泡沫喷射口处；半液下喷射泡沫管道上防油品渗漏的密封膜应安装在泡沫喷射装置的出口；安装应按设计要求进行，且不应损坏密封膜。

12. 泡沫液管道的安装

泡沫液管道安装时在其冲洗及放空管道的设置上应符合设计要求，当设计无要求时，应设置在泡沫液管道的最低处。

13. 泡沫喷淋管道的安装

（1）泡沫喷淋管道支、吊架与泡沫喷头之间的距离不应小于 0.3m，与末端泡沫喷头之间的距离不宜大于 0.5m。

（2）泡沫喷淋分支管上每一直管段，相邻两泡沫喷头之间的管段设置的支、吊架均不宜少于 1 个，且支、吊架的间距不宜大于 3.6m；当泡沫喷头的设置高度大于 10m 时，支吊架的间距不宜大于 3.2m。

14. 阀门的安装

（1）泡沫混合液管道有手动、电动、气动和液动四种阀门，后三种多用在大口径管道，或遥控和自动控制上，它们各自都有标准，泡沫混合液管道采用的阀门需要按相关标准进行安装，阀门要有明显的启闭标志。

（2）具有遥控、自动控制功能的阀门，其安装要符合设计要求；当设置在有爆炸和火灾危险的环境时，要按照《电气装置安装工程：爆炸和火灾危险环境电气装置施工及验收规范》GB 50257—2014 的规定安装。

（3）液下喷射和半液下喷射泡沫灭火系统，泡沫管道进储罐处设置的钢质明杆闸阀和止回阀需要水平安装，其止回阀上标注的方向要与泡沫的流动方向一致，否则泡沫不能进入储罐内，反而储罐内的介质可能会倒流入管道内，造成事故。

（4）高倍数泡沫产生器进口端泡沫混合液管道上设置的压力表、管道过滤器、控制阀一般要安装在水平支管上。

（5）泡沫混合液管道上设置的自动排气阀要在系统试压、冲洗合格后立式安装。泡沫混合液管道上设置的自动排气阀，是一种能自动排出管道内气体的专用产品。管道在充泡沫混合液（或调试时充水）的过程中，管道内的气体将被自然驱压到最高点或管道内气体最后集聚处，自动排气阀能自动将这些气体排出，当管道充满液体后该阀会自动关闭。排气阀立式安装系产品结构的要求，在系统试压、冲洗合格后进行安装，是为了防止堵塞，影响排气。

（6）连接泡沫产生装置的泡沫混合液管道上的控制阀，要安装在防火堤外压力表接口外侧，并有明显的启闭标志；泡沫混合液管道设置在地上时，控制阀的安装高度一般控制在 1.1 ~ 1.5m，当环境温度为 0℃及以下的地区采用铸铁控制阀时，若管道设置在地上，铸铁控制阀要安装在立管上；若管道埋地或在地沟内设置，铸铁控制阀要安装在阀门井内或地沟内，并需要采取防冻措施。

（7）储罐区固定式泡沫灭火系统同时又具备半固定系统功能时，需要在防火堤外泡沫混合液管道上安装带控制阀和带闷盖的管牙接口，以便于消防车或其他移动式的消防设备与储罐区固定的泡沫灭火设备相连。

（8）泡沫混合液立管上设置的控制阀，其安装高度一般在 1.1 ~ 1.5m，并需要设置明显的启闭标志；当控制阀的安装高度大于 1.8m 时，需要设置操作平台或操作凳。

（9）消防泵的出液管上设置的带控制阀的回流管，须符合设计要求，控制阀的安装高度距地面一般在 0.6 ~ 1.2m。

（10）管道上的放空阀要安装在最低处，以利于最大限度地排空管道内的液体。

15. 泡沫消火栓的安装

（1）泡沫混合液管道上设置泡沫消火栓的规格、型号、数量、位置、安装方式、间距应符合设计要求。

（2）地上式泡沫消火栓应垂直安装，地下式泡沫消火栓应安装在消火栓井内泡沫混合液管道上。

（3）地上式泡沫消火栓的大口径出液口应朝向消防车道。

（4）地下式泡沫消火栓应有永久性明显标志，其顶部与井盖底面的距离不得大于

0.4m，且不小于井盖半径。

（5）室内泡沫消火栓的栓口方向宜向下或与设置泡沫消火栓的墙面成90°角，栓口离地面或操作基面的高度宜为1.1m，允许偏差为±20mm，坐标的允许偏差为±20mm。

（6）泡沫泵站内或站外附近泡沫混合液管道上设置的泡沫消火栓，应符合设计要求，其安装按相关规定执行。

16.低倍数泡沫产生器的安装

（1）液上喷射泡沫产生器要根据产生器的类型安装，并符合设计要求。液上喷射泡沫产生器有横式和立式两种类型，如图7-6所示。

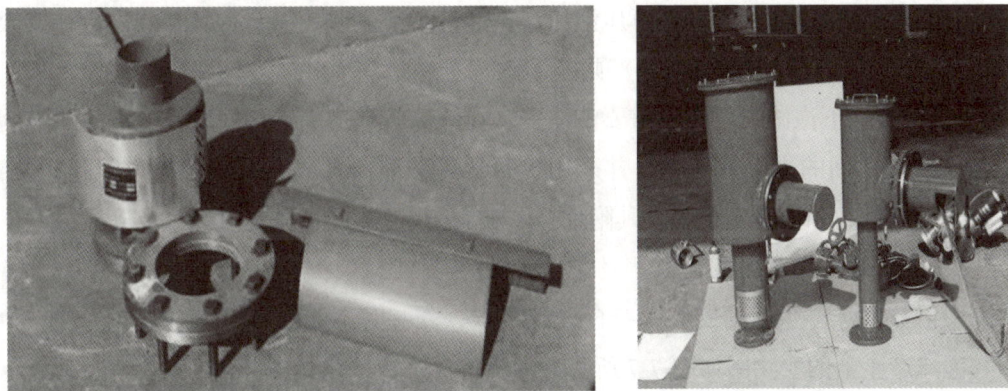

图7-6　液上喷射泡沫产生器（左图为横式，右图为立式）

（2）水溶性液体储罐内泡沫溜槽的安装要沿罐壁内侧螺旋下降到距罐底1~1.5m处，溜槽与罐底平面夹角一般为30°~45°；泡沫降落槽要垂直安装，其垂直度允许偏差为降落槽高度的5‰，且不超过30mm，坐标允许偏差为25mm，标高允许偏差为±20mm。

（3）液下及半液下喷射的高背压泡沫产生器要水平安装在防火堤外的泡沫混合液管道上。

（4）在高背压泡沫产生器进口侧设置的压力表接口要竖直安装；其出口侧设置的压力表、背压调节阀和泡沫取样口的安装尺寸要符合设计要求，环境温度为0℃及以下的地区，背压调节阀和泡沫取样口上的控制阀须选用钢质阀门。

（5）液下喷射泡沫产生器或泡沫导流罩沿罐周均匀布置时，其间距偏差一般不大于100mm。

（6）外浮顶储罐泡沫喷射口设置在浮顶上时，泡沫混合液支管要固定在支架上，泡沫喷射口T形管的横管要水平安装，伸入泡沫堰板后要向下倾斜30°~60°。

（7）外浮顶储罐泡沫喷射口设置在罐壁顶部、密封、挡雨板上方或金属挡雨板下部时，泡沫堰板的高度及其与罐壁的间距要符合设计要求。其中，泡沫喷射口设置在罐壁顶部、密封或挡雨板上方时，泡沫堰板要高出密封 0.2m 以上；泡沫喷射口设置在金属挡雨板下部时，泡沫堰板的高度不应低于 0.3m。泡沫堰板和罐壁之间的距离要大于 0.6m。

（8）泡沫堰板的最低部位设置排水孔的数量和尺寸要符合设计要求，并沿泡沫堰板周长均布，其间距偏差不宜大于 20mm。其中排水孔的开孔面积按 1m² 环形面积 280mm² 确定，且排水孔高度不宜大于 9mm。

（9）单、双盘式内浮顶储罐泡沫堰板的高度及其与罐壁的间距要符合设计要求。泡沫堰板与罐壁的距离不小于 0.55m，泡沫堰板的高度不低于 0.5m。

（10）当 1 个储罐所需的高背压泡沫产生器并联安装时，需要将其并列固定在支架上，且需符合第（3）项和第（4）项的要求。

（11）半液下泡沫喷射装置需要整体安装在泡沫管道进入储罐处设置的钢质明杆闸阀与止回阀之间的水平管道上，并采用扩张器（伸缩器）或金属软管与止回阀连接，安装时不能拆卸和损坏密封膜及其附件。

17. 中倍数泡沫产生器安装

中倍数泡沫产生器的安装要符合设计要求，安装时不能损坏或随意拆卸附件。中倍数泡沫产生器的实物图如图 7-7 所示。

图 7-7　中倍数泡沫产生器

18. 高倍数泡沫产生器的安装

（1）高倍数泡沫产生器要安装在泡沫淹没深度之上，尽量靠近保护对象，但不能受到爆炸或火焰的影响，同时，安装要保证易于在防护区内形成均匀的泡沫覆盖层。

（2）高倍数泡沫产生器由动力驱动风叶转动鼓风，使大量的气流由进气端进入产生器，故在距进气端的一定范围内不能有影响气流进入的遮挡物。一般情况下，要保证距高倍数泡沫产生器的进气端小于或等于 0.3m 处没有遮挡物。

（3）在高倍数泡沫产生器的发泡网前小于或等于 1m 处，不能有影响泡沫喷放的障碍物。

（4）高倍数泡沫产生器要整体安装，不得拆卸。另外，风叶高速旋转，高倍数泡沫产生器固定不牢时会产生振动和移位。因此，高倍数泡沫产生器须牢固地安装在建（构）筑物上。

（5）当泡沫产生器在室外或坑道应用时，还要采取防止风对泡沫产生器和泡沫分布产生影响的措施。高倍数泡沫产生器的实物图如图 7-8 所示。

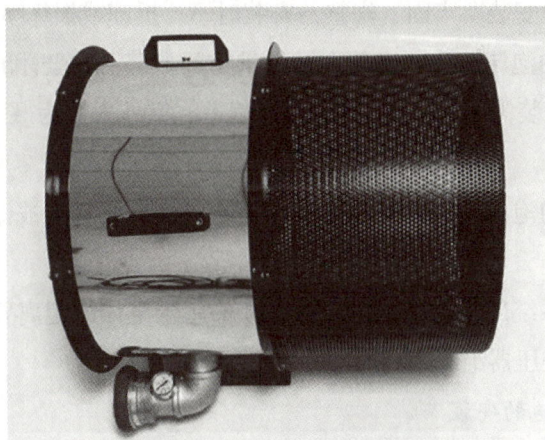

图 7-8　高倍数泡沫产生器

按驱动风叶的原动机不同，高倍数泡沫产生器可分为电动式和水力驱动式。电动式高倍数泡沫产生器的发泡倍数较高，一般在 600 倍以上；发泡量范围大，一般为 200～2000m³。由于电动机不耐火，一般不要将电动式高倍数泡沫产生器安装在防护区内。水力驱动式高倍数泡沫产生器发泡倍数较低，一般为 200～800 倍；发泡量范围较小，一般为 40～400m³。水力驱动式高倍数泡沫产生器适用范围广，不仅可以用新鲜空气发泡，还可以用热烟气发泡，同时，可以安装在系统的防护区内。

19. 泡沫喷头的安装

（1）泡沫喷头的型号、规格与选用的泡沫液的种类、泡沫混合液的供给强度和保护面积息息相关，切不可误装，一定要符合设计要求；而且泡沫喷头的安装要在系统试压、冲洗合格后进行，因为泡沫喷头的孔径较小，若系统管道冲洗不干净，异物容易堵塞喷头，影响泡沫灭火效果。吸气型泡沫喷头的实物图，如图 7-9 所示。

（a）带溅水盘的喷头　　　　　　　　（b）带发泡网的喷头

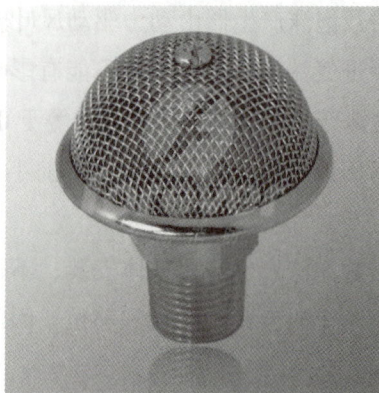

图 7-9　吸气型泡沫喷头

（2）泡沫喷头的安装要牢固、规整，安装时不要拆卸或损坏喷头上的附件。

（3）顶部安装的泡沫喷头要安装在被保护物的上部，其坐标的允许偏差，室外安装为 15mm，室内安装为 10mm；标高的允许偏差，室外安装为 ±15mm，室内安装为 ±10mm。

（4）侧向安装的泡沫喷头要安装在被保护物的侧面并对准被保护物体，其距离允许偏差为 20mm。

（5）泡沫喷雾系统用于保护变压器时，喷头距带电体的距离要符合设计要求，并有专门的喷头指向变压器绝缘子升高座孔口。

20. 固定式泡沫炮的安装

（1）固定式泡沫炮的立管要垂直安装，炮口要朝向防护区，并不能有影响泡沫喷射的障碍物。泡沫炮的实物图如图 7-10 所示。

图 7-10　泡沫炮实物图

（2）安装在炮塔或支架上的泡沫炮要牢固固定。固定式泡沫炮的进口压力一般在1.0MPa 以上，流量也较大，其反作用力很大，所以安装在炮塔或支架上的固定式泡沫炮要固定牢固。

（3）电动泡沫炮的控制设备、电源线、控制线的型号、规格及设置位置、敷设方式、接线等要符合设计要求。

7.2 泡沫灭火系统联动控制

7.2.1 泡沫灭火系统联动控制的一般规定

（1）泡沫灭火系统主要由气体灭火控制器 / 火灾报警联动控制器、烟感火灾探测器、温感火灾探测器、手 / 自动转化开关、紧急启停按钮、声光报警器、泡沫柜、泡沫泵组控制柜、泡沫比例混合装置控制阀、喷放指示灯以及手动报警按钮等设备组成。

（2）低倍数泡沫灭火系统主要应用在甲、乙、丙类液体储罐区，这类高危场所可以采用感温光纤、感温光栅等各类本质安全型火灾探测器，固定顶储罐可以设置在罐体外表面，外浮顶储罐可以设置在浮顶的密封圈处（内浮顶储罐可以参照固定顶储罐和外浮顶储罐，酌情设置），如图 7-11 所示。对于采用低倍数泡沫灭火系统保护的甲、乙、丙类液体立式储罐误喷可能会导致严重后果。因此，即使这类储罐设置了火灾自动探测报警系统，也不宜采用自动控制的方式，通常采用手动控制。

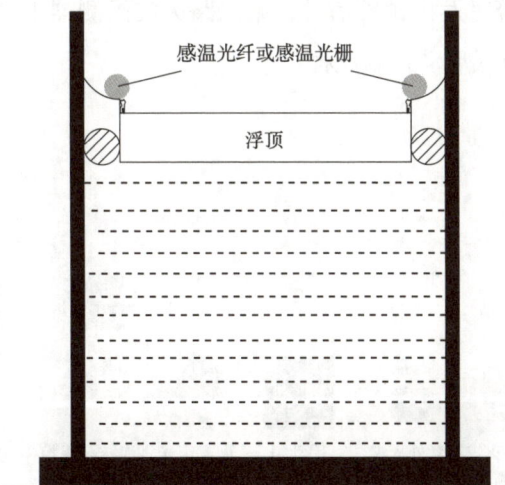

图 7-11 内浮顶储罐设置感温光纤 / 光栅示意图

（3）中倍数泡沫灭火系统的报警联动控制要求，取决于泡沫的发泡倍数和使用方式。当以较低的泡沫倍数扑救甲、乙、丙类液体火灾时，灭火机理与低倍数泡沫灭火系统相同，报警联动控制要求可以参照低倍数泡沫灭火系统；当以较高的泡沫倍数全淹没或局部应用方式灭火时，其灭火机理与高倍数泡沫灭火系统相同，报警联动控制要求可以参照高倍数泡沫灭火系统。

（4）在高倍数泡沫灭火系统中，可以根据不同的火灾探测器进行分类。

1）感烟／感温火灾探测器泡沫灭火系统，如图 7-12 所示。此类泡沫灭火系统利用两只独立的火灾探测器报警信号作为火警确认信号，或采用一只火灾探测器与一只手动报警按钮的报警信号作为火警确认信号。

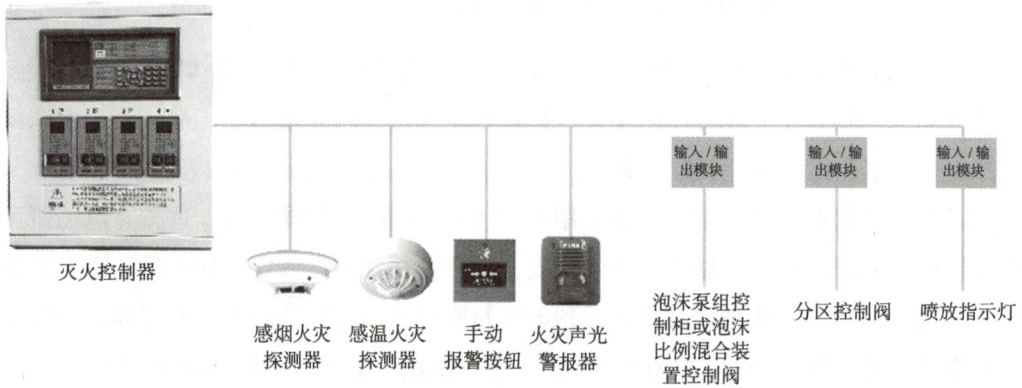

图 7-12　感烟／感温火灾探测器泡沫灭火系统

2）红外／紫外火灾探测器泡沫灭火系统，如图 7-13 所示。此类泡沫灭火系统在第一路火灾探测器报警时发出预警信号，第二路火灾探测器报警时，确认火警，参照气体灭火烟温复合的方式启动控制流程。

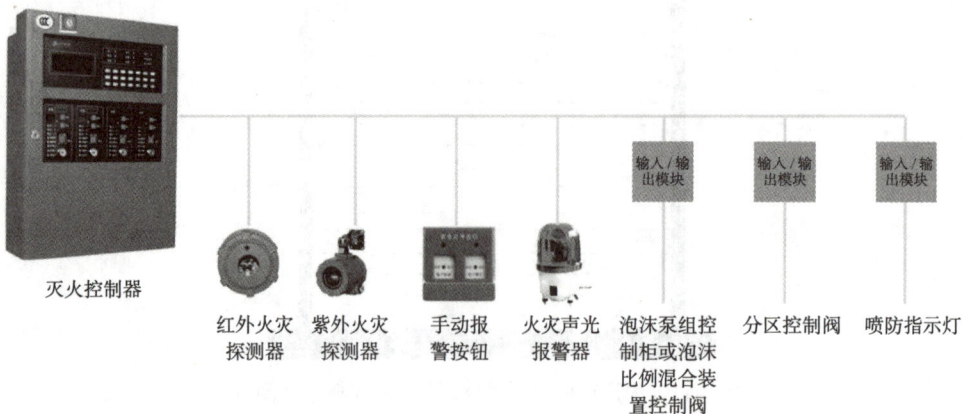

图 7-13　红外／紫外火灾探测器泡沫灭火系统

3）高倍数泡沫全淹没系统或固定式局部应用系统应设置火灾自动报警系统，并符合以下要求：

①全淹没系统应同时具备自动、手动和应急机械手动启动功能。

②自动控制的固定式局部应用系统应同时具备手动和应急机械手动启动功能，手动控制的固定式局部应用系统尚应具备应急机械手动启动功能。

③消防控制中心（室）和防护区应设置声光报警装置。

④消防自动控制设备宜与防护区内门窗的关闭装置、排气口的开启装置，以及生产、照明电源的切断装置等联动。

（5）消防联动控制器应能按设定的控制逻辑向各相关的受控设备发出联动控制信号，并接受相关设备的联动反馈信号，其电压控制输出应采用直流 24V，电源容量应满足受控消防设备同时启动且维持工作的控制容量要求。各受控设备接口的特性参数应与消防联动控制器发出的联动控制信号相匹配。消防水泵、防烟和排烟风机的控制设备，除应采用联动控制方式外，还应在消防控制室设置手动直接控制装置，启动电流较大的消防设备宜分时启动。需要火灾自动报警系统联动控制的消防设备，其联动触发信号应采用两个独立的报警触发装置报警信号的"与"逻辑组合，泡沫灭火系统的自动控制和手动控制功能要求，如图 7-14 所示。

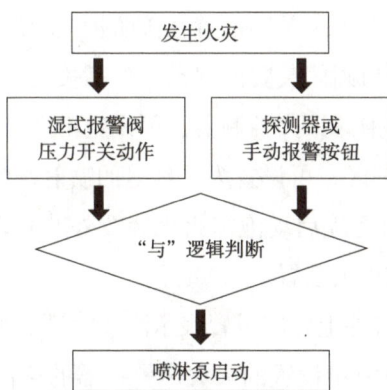

图 7-14　泡沫灭火系统的自动控制和手动控制功能要求

7.2.2　泡沫灭火系统的联动控制

（1）泡沫灭火系统应由独立的泡沫灭火控制器控制，但目前并没有泡沫灭火控制器产品，通常采用火灾报警联动控制器或气体灭火控制器代替，联动控制流程与气体灭火系统相同。

（2）泡沫灭火系统启动时，宜联动关闭防护区泡沫覆盖高度以下的门窗，联动开启排气口，联动切断未关闭的生产、照明电源。

（3）泡沫灭火系统的应急机械手动启动，主要是针对电动或液压控制阀门等，此类阀门通常设置手动快开机构，也可以设置带手动阀门的旁路。

（4）控制阀门应采用专用线路直接连接至设置在消防控制室内的消防联动控制器的手动控制盘，可以在消防控制室直接手动控制。

（5）泡沫灭火控制器直接连接火灾探测器时，泡沫灭火系统的自动控制方式应符合下列规定：

1）应由同一防护区域内两只独立的火灾探测器的报警信号、一只火灾探测器与一只手动火灾报警按钮的报警信号或防护区外的紧急启动信号，作为系统的联动触发信号，探测器的组合宜采用感烟火灾探测器和感温火灾探测器。

2）泡沫灭火控制器在接收到满足联动逻辑关系的首个联动触发信号后，应启动设置在该防护区内的火灾声光警报器，且联动触发信号应为任一防护区域内设置的感烟火灾探测器、其他类型火灾探测器或手动火灾报警按钮的首次报警信号；在接收到第二个联动触发信号后，应发出联动控制信号，且联动触发信号应为同一防护区域内与首次报警的火灾探测器或手动火灾报警按钮相邻的感温火灾探测器、火焰探测器或手动火灾报警按钮的报警信号。

3）联动控制信号应包括下列内容：

①关闭防护区域的送（排）风机及送（排）风阀门。

②停止通风和空气调节系统及关闭设置在该防护区域的电动防火阀。

③联动控制防护区域开口封闭装置的启动，包括关闭防护区域的门窗。

④启动泡沫灭火装置、泡沫灭火控制器，可设定不大于30s的延迟喷射时间。

4）平时无人工作的防护区，可设置为无延迟的喷射，应在接收到满足联动逻辑关系的首个联动触发信号后执行除启动泡沫灭火装置外的联动控制；在接收到第二个联动触发信号后，应启动泡沫灭火装置。

5）泡沫灭火防护区出口外上方应设置表示泡沫喷洒的火灾声光警报器，指示泡沫释放的声信号应与该保护对象中设置的火灾声警报器的声信号有明显区别。启动泡沫灭火装置的同时，应启动设置在防护区入口处表示泡沫喷洒的火灾声光警报器；组合分配系统应首先开启相应防护区域的选择阀，然后启动泡沫灭火装置。

（6）泡沫灭火控制器不直接连接火灾探测器时，泡沫灭火系统的自动控制方式应符合下列规定：

1）泡沫灭火系统的联动触发信号应由火灾报警控制器或消防联动控制器发出。

2）泡沫灭火系统的联动触发信号和联动控制均应符合《泡沫灭火系统技术标准》GB 50151—2021的规定。

（7）泡沫灭火系统的手动控制方式应符合下列规定：

1）手动报警按钮的设置与功能

根据《火灾自动报警系统设计规范》GB 50116—2013 的第 4.4.1 条，泡沫灭火系统的手动控制应通过手动报警按钮触发，并符合以下规定：

位置与数量：手动报警按钮应设置在防护区入口处、疏散通道、设备间等明显且易于操作的位置，每个防火分区或保护对象应至少设置 1 个按钮，且距地面高度宜为 1.3 ~ 1.5m。

操作方式：按钮应采用玻璃破碎型或非玻璃破碎型，按下后直接触发消防联动控制器，启动泡沫消防水泵、比例混合装置及泡沫产生器，并通过总线或独立线路反馈信号至消防控制室。

防误触设计：按钮应具备防误触保护机制（如需持续按压 3s 以上才触发），避免误操作。

2）机械应急操作装置

《泡沫灭火系统技术标准》GB 50151—2021 第 4.3.3 条要求，储罐区、大型油罐等关键场所的泡沫系统必须设置机械应急启动装置，且满足：

独立性：机械应急操作不应依赖电力或自动控制系统，需通过机械力（如手柄、杠杆）直接启动消防泵和泡沫混合装置。

操作力要求：手动操作力不应超过 50N，确保紧急情况下人员可快速启动。

状态指示：机械应急装置旁应设置明显的"应急启动"标识，并配备机械式压力表或流量指示器，实时显示系统状态。

3）远程手动控制

消防控制室应能通过手动控制盘或图形界面远程启动泡沫系统，具体要求包括：

信号传输：采用总线制或硬线联动，确保控制信号传输延迟小于等于 2s，且具有故障自检功能（如线路断路、短路报警）。

权限分级：远程手动操作需设权限管理，仅授权人员在消防控制室可执行，避免误操作。

联动反馈：手动启动后，消防控制室应能显示泡沫泵、混合装置、选择阀等设备的动作状态，并记录事件日志。

4）手动与自动模式的切换

系统需设置明确的模式切换机制，通常通过以下方式实现：

现场切换：在泡沫控制柜设置"自动 / 手动"转换开关，切换时需通过密码或物理钥匙锁定，防止未经授权的操作。

联动逻辑隔离：在手动模式下，自动触发的火灾探测器信号应被屏蔽，避免与手动操作冲突。

优先级设计：手动启动指令优先级高于自动模式，即手动操作时可强制启动系统，覆盖自动逻辑。

5）反馈与监控要求

信号反馈：手动启动后，消防控制室需实时接收并显示"手动启动成功""设备运行""故障"等状态信息，且声光警报器同步触发。

管网压力监测：手动启动时，压力开关或流量开关应实时反馈泡沫混合液管路压力，确保喷放前管网压力达到设计要求（如大于等于0.35MPa）。

故障处理：若手动操作后设备未启动，控制室应发出故障报警，并通过声光提示或短信通知运维人员。

6）维护与调试

定期测试：每月检查手动报警按钮的动作灵敏度，每半年测试机械应急装置的操作力及传动机构可靠性。

模拟演练：每年至少进行一次全流程手动联动测试，验证从按钮触发到泡沫喷放的完整响应时间（≤60s），并记录结果存档。

标识管理：手动控制装置周围应设置永久性标识，标明操作步骤、注意事项及紧急联系人信息。

7）特殊场所的补充要求

储罐区：浮顶储罐需在泡沫导流槽附近增设手动启动点，便于快速响应火灾，提高操作的效益和准确性。

地下空间：手动报警按钮应具备防水防尘设计（IP65及以上），并配备应急照明，确保黑暗环境下可用。

防爆区域：在爆炸危险场所，手动控制装置需符合防爆认证（如Exd IIIB T4），并采用本质安全型电路。

（8）泡沫灭火装置启动及喷放各阶段的联动控制及系统的反馈信号，应反馈至消防联动控制器。系统的联动反馈信号应包括下列内容：

1）泡沫灭火控制器直接连接的火灾探测器的报警信号。

2）选择阀的动作信号。

3）压力开关的动作信号。

（9）在防护区域内设有手动与自动控制转换装置的系统，其手动或自动控制方式的工作状态应在防护区内、外的手动和自动控制状态显示装置上显示，该状态信号应反馈至消防联动控制器。

7.3　泡沫灭火系统的调试

7.3.1　泡沫灭火系统调试的一般规定

（1）泡沫灭火系统调试应在系统施工结束和与系统有关的火灾自动报警装置及联动控制设备调试合格后进行。

（2）调试前应具备相关的技术资料、施工记录，以及调试必需的其他资料。

（3）调试前施工单位应制定调试方案，并经监理单位批准。应根据批准的方案按程序进行调试。

（4）调试前应对系统进行检查，并及时处理发现的问题。

（5）调试前应将需要临时安装在系统上经校验合格的仪器、仪表安装完毕，调试时所需的检查设备应准备齐全。

（6）水源、动力源和泡沫液应满足系统调试要求，电气设备应具备与系统联动调试的条件。

（7）泡沫 - 水喷淋系统的调试应符合现行国家标准《自动喷水灭火系统施工及验收规范》GB 50261—2017 的有关规定。

（8）系统调试合格后，应填写施工过程调试检查记录（附表 1-1），并应用清水冲洗及放空后进行系统复位。

7.3.2　泡沫灭火系统调试要求及检查方法

1. 泡沫灭火系统动力源和备用动力试验

泡沫灭火系统的动力源和备用动力应进行切换试验，动力源和备用动力及电气设备运行应正常。

检查数量：全数检查。

检查方法：当为手动控制时，以手动的方式进行 1～2 次试验；当为自动控制时，以自动和手动的方式各进行 1～2 次试验。

2. 水源测试

（1）应按设计要求核实消防水池（罐）、消防水箱的容量；消防水箱设置高度应符合设计要求；与其他用水合用时，消防储水应有不作他用的技术措施。

检查数量：全数检查。

检查方法：对照图纸观察和尺量检查。

（2）应按设计要求核实消防水泵接合器的数量和供水能力，并应通过移动式消防水泵做供水试验进行验证。

检查数量：全数检查。

检查方法：观察检查和进行通水试验。

3. 泡沫消防水泵试验

（1）泡沫消防水泵应进行运行试验，其中柴油机拖动的泡沫消防水泵应分别进行电启动和机械启动运行试验，其性能应符合设计和产品标准的要求。

检查数量：全数检查。

检查方法：按现行国家标准《风机、压缩机、泵安装工程施工及验收规范》GB 50275—2010中的有关规定执行，并用压力表、流量计、秒表、温度计、量杯进行计量。

（2）泡沫消防水泵与备用泵应在设计负荷下进行转换运行试验，其主要性能应符合设计要求。

检查数量：全数检查。

检查方法：当为手动启动时，以手动的方式进行1～2次试验；当为自动启动时，以自动和手动的方式各进行1～2次试验，并用压力表、流量计、秒表进行计量。

4. 稳压泵、消防气压给水设备调试

稳压泵、消防气压给水设备应按设计要求进行调试。当达到设计启动条件时，稳压泵应立即启动；当达到系统设计压力时，稳压泵应自动停止运行。

检查数量：全数检查。

检查方法：观察检查。

5. 泡沫比例混合器（装置）调试

泡沫比例混合器（装置）调试时，应与系统喷泡沫试验同时进行，其混合比不应低于所选泡沫液的混合比。

检查数量：全数检查。

检查方法：用手持电导率测量仪测量。

6. 泡沫产生装置的调试

（1）低倍数泡沫产生器应进行喷水试验，其进口压力应符合设计要求。

检查数量：选择距离泡沫泵站最远的储罐和流量最大的储罐上设置的泡沫产生装置进行试验。

检查方法：用压力表检查。当被保护储罐不允许喷水时，喷水口可设在靠近储罐的水平管道上。关闭非试验储罐阀门，调节压力使之符合设计要求。

（2）固定式泡沫炮应进行喷水试验，其进口压力、射程、射高仰俯角度、水平回转角度等指标应符合设计要求。

检查数量：全数检查。

检查方法：用手动或电动实际操作，并用压力表、尺量和观察检查。

（3）泡沫枪应进行喷水试验，其进口压力和射程应符合设计要求。

检查数量：全数检查。

检查方法：用压力表、尺量检查。

（4）中倍数、高倍数泡沫产生器应进行喷水试验，其进口压力不应小于设计值，每台泡沫产生器发泡网的喷水状态应正常。

检查数量：全数检查。

检查方法：关闭非试验防护区的阀门，用压力表测量后进行计算和观察检查。

7. 报警阀的调试

（1）湿式报警阀调试时，在末端试水装置处放水，当湿式报警阀进口水压大于0.14MPa，放水流量大于1L/s时，报警阀应及时启动；带延迟器的水力警铃应在5～90s内发出报警铃声，不带延迟器的水力警铃应在15s内发出报警铃声；压力开关应及时动作，启动消防泵并反馈信号。

检查数量：全数检查。

检查方法：使用压力表、流量计、秒表和观察检查。

（2）干式报警阀调试时，开启系统试验阀，报警阀的启动时间、启动点压力、水流到试验装置出口所需时间均应符合设计要求。

检查数量：全数检查。

检查方法：使用压力表、流量计、秒表、声级计和观察检查。

（3）雨淋阀调试宜利用检测、试验管道进行；雨淋阀的启动时间不应大于15s；当报警水压为0.05MPa时，水力警铃应发出报警铃声。

检查数量：全数检查。

检查方法：使用压力表、流量计、秒表、声级计和观察检查。

8. 泡沫消火栓冷喷试验

泡沫消火栓应进行冷喷试验，其出口压力应符合设计要求，冷喷试验应与系统调试试验同时进行。

检查数量：选择保护最远储罐和所需泡沫混合液流量最大储罐的消火栓，按设计使用数量检测。

检查方法：用压力表测量。

9. 泡沫消火栓箱泡沫喷射试验

泡沫消火栓箱应进行泡沫喷射试验，其射程应符合设计要求，发泡倍数应符合相关产品标准的要求。

检查数量：按总数的 10% 抽查，且不少于 2 个。

检查方法：射程用尺量检查，发泡倍数的测量方法见附录 2。

10. 泡沫灭火系统的调试

（1）当为手动灭火系统时，应以手动控制的方式进行一次喷水试验；当为自动灭火系统时，应以手动和自动控制的方式各进行一次喷水试验，系统流量、泡沫产生装置的工作压力、比例混合装置的工作压力、系统的响应时间均应达到设计要求。

检查数量：当为手动灭火系统时，选择最远的防护区或储罐；当为自动灭火系统时，选择所需泡沫混合液流量最大和最远的两个防护区或储罐分别以手动和自动的方式进行试验。

检查方法：用压力表、流量计、秒表测量。

（2）低倍数泡沫灭火系统按前文的规定喷水试验完毕，将水放空后进行喷泡沫试验；当为自动灭火系统时，应以自动控制的方式进行；喷射泡沫的时间不宜小于 1min；实测泡沫混合液的流量、发泡倍数及到达最远防护区或储罐的时间应符合设计要求，其混合比不应低于所选泡沫液的混合比。

检查数量：选择最远的防护区或储罐进行一次试验。

检查方法：泡沫混合液的流量用流量计测量；混合比按本书第 7.2.2 节第（5）条的检查方法测量；发泡倍数按附录 2 的方法测量；喷射泡沫的时间和泡沫混合液或泡沫到达最远防护区或储罐的时间用秒表测量。

（3）中倍数、高倍数泡沫灭火系统按前文的规定喷水试验完毕，将水放空后进行喷泡沫试验，当为自动灭火系统时，应以自动控制的方式对防护区进行喷泡沫试验，喷射泡沫的时间不宜小于 30s，实测泡沫供给速率及自接到火灾模拟信号至开始喷泡沫的时间应符合设计要求，其混合比不应低于所选泡沫液的混合比。

检查数量：全数检查。

检查方法：泡沫混合液的混合比按本书第 7.2.2 节中第（5）条的检查方法测量；泡沫供给速率的检查方法应记录各泡沫产生器进口端压力表读数，用秒表测量喷射泡沫的时间，然后按制造商给出的曲线查出对应的发泡量，经计算得出泡沫供给速率，泡沫供给速率不应小于设计要求的最小供给速率；喷射泡沫的时间和自接到火灾模拟信号至开始喷泡沫的时间，用秒表测量。

（4）泡沫 - 水雨淋系统按前文的规定喷水试验完毕，将水放空后，应以自动控制的方式对防护区进行喷泡沫试验，喷洒稳定后的喷泡沫时间不宜小于 1min，实测泡沫混合液发泡倍数及自接到火灾模拟信号至开始喷泡沫的时间，应符合设计要求，其混合比不应低于所选泡沫液的混合比。

检查数量：选择最远防护区进行一次试验。

检查方法：泡沫混合液的混合比按本书第 7.2.2 节第（5）条的方法进行测量；泡沫混合液的发泡倍数按附录 2 的方法测量；喷射泡沫的时间和自接到火灾模拟信号至开始喷泡沫的时间，用秒表测量。

（5）闭式泡沫 - 水喷淋系统按前文规定喷水试验完毕后，应以手动方式分别进行最大流量和 8L/s 流量的喷泡沫试验。喷洒稳定后的喷泡沫时间不宜小于 1min，自系统手动启动至开始喷泡沫的时间应符合设计要求，其混合比不应低于所选泡沫液的混合比。

检查数量：按最大流量和 8L/s 流量各进行一次试验，按 8L/s 流量进行试验时应选择最远端试水装置进行。

检查方法：泡沫混合液的混合比按照本书第 7.2.2 节第（5）条中的方法进行测量；喷射泡沫的时间和自系统手动启动至开始喷泡沫的时间，用秒表测量。

（6）泡沫喷雾系统的调试应符合下列规定：

采用比例混合装置的泡沫喷雾系统，应以自动控制的方式对防护区进行一次喷泡沫试验。喷洒稳定后的喷泡沫时间不宜小于 1min，自系统启动至开始喷泡沫的时间应符合设计要求，其混合比不应低于所选泡沫液的混合比。对于保护变压器的泡沫喷雾系统，应观察喷头的喷雾锥是否喷洒到绝缘子升高座孔口。

检查数量：选择最远防护区进行试验。

检查方法：泡沫混合液的混合比按本书第 7.2.2 节第（5）条中的方法测量，时间用秒表测量，喷雾情况通过观察检查。

采用压缩氮气瓶组驱动的泡沫喷雾系统，应以手动和自动控制的方式分别对防护区各进行一次喷水试验。以自动控制的方式进行喷水试验时，随机启动两个动力瓶组，系统接到火灾模拟信号后应能准确开启对应防护区的阀门，系统自接到火灾模拟信号至开始喷水的时间应符合设计要求；以手动控制的方式进行喷水试验时，按设计瓶组数开启，系统自接到手动开启信号至开始喷水的时间、系统流量和连续喷射时间应符合设计要求。对于保护变压器的泡沫喷雾系统，应观察喷头的喷雾锥是否喷洒到绝缘子升高座孔口。

检查数量：选择最远防护区进行试验。

检查方法：系统流量用流量计测量，时间用秒表测量，喷雾情况通过观察检查。

7.4　泡沫灭火系统的验收

7.4.1　泡沫灭火系统验收流程的一般规定

1. 泡沫灭火系统验收提供的文件资料

泡沫灭火系统验收时，应提供下列文件资料，并按附表 1-2 填写质量控制资料核查记录。

（1）有效的施工图设计文件。

（2）设计变更通知书、竣工图。

（3）系统组件和泡沫液自愿性认证或检验的有效证明文件和产品出厂合格证，材料的出厂检验报告与合格证。

（4）系统组件的安装使用和维护说明书。

（5）施工许可证和施工现场质量管理检查记录。

（6）泡沫灭火系统施工过程检查记录及阀门的强度和严密性试验记录、管道试压和管道冲洗记录、隐蔽工程验收记录。

（7）系统验收申请报告。

2. 泡沫灭火系统验收记录（附表 1-3）

3. 泡沫灭火系统验收合格后的操作

泡沫灭火系统验收合格后，应用清水冲洗放空，复原系统，并应向建设单位移交下列文件资料：

（1）施工现场质量管理检查记录。

（2）泡沫灭火系统施工过程检查记录。

（3）隐蔽工程验收记录。

（4）泡沫灭火系统质量控制资料核查记录。

（5）泡沫灭火系统验收记录。

（6）相关文件、记录、资料清单等。

4. 泡沫灭火系统施工质量不符合标准要求时，应整改并重新验收

5. 泡沫灭火系统施工质量验收

泡沫灭火系统应对施工质量进行验收，并应包括下列内容：

（1）泡沫液储罐、泡沫比例混合器（装置）、泡沫产生装置、电机或柴油机及其拖动的泡沫消防水泵、稳压泵、水泵接合器、泡沫消火栓、报警阀、盛装 100% 型水成膜泡沫液的压力储罐、动力瓶组及驱动装置、泡沫消火栓箱、阀门、压力表、管道过滤器、金属软管等系统组件的规格、型号、数量、安装位置及安装质量。

（2）管道及管件的规格、型号、位置、坡向、坡度、连接方式及安装质量。

（3）固定管道的支架、吊架、管墩的位置、间距及牢固程度。

（4）管道穿楼板、防火墙及变形缝的处理。

（5）管道和系统组件的防腐。

（6）消防泵房、水源及水位指示装置。

（7）动力源、备用动力及电气设备。

6. 泡沫灭火系统管道、阀门、支架及吊架验收

泡沫灭火系统的管道、阀门、支架及吊架的验收，应符合现行国家标准《工业金属管道工程施工质量验收规范》GB 50184—2011、《现场设备、工业管道焊接工程施工质量验收规范》GB 50683—2011 的有关规定。

7.4.2　泡沫灭火系统验收检查方法及规范要求

1. 系统水源的验收

（1）室外给水管网的进水管管径及供水能力、消防水池（罐）和消防水箱容量，均应符合设计要求。

（2）当采用天然水源时，其水量应符合设计要求，并应检查枯水期最低水位时确保消防用水的技术措施。

（3）过滤器的设置应符合设计要求。

检查数量：全数检查。

检查方法：对照设计资料采用流速计、尺等测量和观察检查。

2. 动力源、备用动力及电气设备验收

动力源、备用动力及电气设备应符合设计要求。

检查数量：全数检查。

检查方法：试验检查。

3. 消防泵房的验收

（1）消防泵房的建筑防火要求应符合相关标准的规定。

（2）消防泵房设置的应急照明、安全出口应符合设计要求。

检查数量：全数检查。

检查方法：对照图纸观察检查。

4. 泡沫消防水泵与稳压泵的验收

（1）工作泵、备用泵、拖动泡沫消防水泵的电机或柴油机、吸水管、出水管及出水管上的泄压阀、止回阀、信号阀等的规格、型号、数量等应符合设计要求；吸水管、出水管上的控制阀应锁定在常开位置，并有明显标记，拖动泡沫消防水泵的柴油机排烟管的安装位置、口径、长度、弯头的角度及数量应符合设计要求，柴油机用油的牌号应符合设计要求。

检查数量：全数检查。

检查方法：对照设计资料和产品说明书观察检查。

（2）泡沫消防水泵的引水方式及水池低液位引水应符合设计要求。

检查数量：全数检查。

检查方法：观察检查。

（3）泡沫消防水泵在主电源下应能正常启动，主备电源应能正常切换。

检查数量：全数检查。

检查方法：打开消防水泵出水管上的手动测试阀，利用主电源向泵组供电；关掉主电源检查主备电源的切换情况，用秒表计时和观察检查。

（4）柴油机拖动的泡沫消防水泵的电启动和机械启动性能应满足设计和相关标准的要求。

检查数量：全数检查。

检查方法：分别进行电启动试验和机械启动试验，对照相关要求观察检查。

（5）当自动系统管网中的水压下降到设计最低压力时，稳压泵应能自动启动。

检查数量：全数检查。

检查方法：使用压力表测量，观察检查。

（6）自动系统的泡沫消防水泵启动控制应处于自动启动位置。

检查数量：全数检查。

检查方法：降低系统管网中的压力，观察检查。

5. 泡沫液储罐和盛装 100% 型水成膜泡沫液的压力储罐的验收

（1）材质、规格、型号及安装质量应符合设计要求。

（2）铭牌标记应清晰，应标有泡沫液种类、型号、出厂及灌装日期、有效期及储量等内容，不同种类不同牌号的泡沫液不得混存。

（3）液位计、呼吸阀、人孔、出液口等附件的功能应正常。

检查数量：全数检查。

检查方法：对照设计资料观察检查。

6. 泡沫比例混合装置的验收

（1）泡沫比例混合装置的规格、型号及安装质量应符合设计及安装要求。

检查数量：全数检查。

检查方法：对照设计资料观察检查。

（2）混合比不应低于所选泡沫液的混合比。

检查数量：全数检查。

检查方法：用手持电导率测量仪测量。

7. 泡沫产生装置的规格、型号及安装质量验收

检查数量：全数检查。

检查方法：对照设计资料观察检查。

8. 报警阀组的验收

（1）报警阀组的各组件应符合产品标准规定。

检查数量：全数检查。

检查方法：观察检查。

（2）打开系统流量压力检测装置放水阀，测试的流量、压力应符合设计要求。

检查数量：全数检查。

检查方法：使用流量计、压力表观察检查。

（3）水力警铃的设置位置应正确。测试时，水力警铃喷嘴处的压力不应小于0.05MPa，且距水力警铃3m远处警铃声声强不应小于70dB。

检查数量：全数检查。

检查方法：打开阀门放水，使用压力表、声级计和尺量检查。

（4）打开手动试水阀或电磁阀时，雨淋阀组动作应可靠。

（5）控制阀均应锁定在常开位置。

检查数量：全数检查。

检查方法：观察检查。

（6）与空气压缩机或火灾自动报警系统的联动控制，应符合设计要求。

检查数量：全数检查。

检查方法：观察检查。

9. 管网的验收

（1）管道的材质与规格、管径、连接方式、安装位置及采取的防冻措施应符合设计要求，并符合7.1.2节中9.管道的安装相关规定。

检查数量：全数检查。

检查方法：观察检查和核查相关证明材料。

（2）管网放空坡度及辅助排水设施，应符合设计要求。

检查数量：全数检查。

检查方法：水平尺和尺量检查，埋地管道检查隐蔽工程记录。

（3）管网上的控制阀、压力信号反馈装置、止回阀、试水阀、泄压阀、排气阀等，其规格和安装位置均应符合设计要求。

检查数量：全数检查。

检查方法：观察检查。

（4）管墩、管道支架、吊架的固定方式、间距应符合设计要求。

检查数量：固定支架全数检查，其他按总数抽查 20%，且不得少于 5 处。

检查方法：尺量和观察检查。

（5）管道穿越楼板、防火墙、变形缝时的防火处理应符合《泡沫灭火系统技术标准》GB 50151—2021 的第 9.3.19 条的相关规定。

检查数量：全数检查。

检查方法：观察和尺量检查。

（6）管道支架、吊架安装应平整牢固，管墩的砌筑应规整，其间距应符合设计要求。

检查数量：按安装总数的 5% 抽查，且不得少于 5 个。

检查方法：观察和尺量检查。

（7）当管道穿过防火墙、楼板时，应安装套管。穿防火墙套管的长度不应小于防火墙的厚度，穿楼板套管长度应高出楼板 50mm，底部应与楼板底面相平；管道与套管间的空隙应采用防火材料封堵；管道穿过建筑物的变形缝时应采取保护措施。

检查数量：全数检查。

检查方法：观察和尺量检查。

（8）管道安装完毕应进行水压试验，并应符合下列规定：

①试验应采用清水进行，试验时环境温度不应低于 5℃，当环境温度低于 5℃时，应采取防冻措施。

②试验压力应为设计压力的 1.5 倍。

③试验前应将泡沫产生装置、泡沫比例混合器（装置）隔离。

④试验合格后，应按附表 1-4 进行记录。

检查数量：全数检查。

检查方法：管道充满水，排净空气，用试压装置缓慢升压，当压力升至试验压力后稳压 10min，管道无损坏、变形，再将试验压力降至设计压力，稳压 30min，以压力不降、无渗漏为合格。

（9）管道试压合格后，应用清水冲洗，冲洗合格后不得再进行影响管内清洁的其他施工，并应按附表 1-5 进行记录。

检查数量：全数检查。

检查方法：宜采用最大设计流量，流速不低于 1.5m/s，以排出的水色和透明度与入口水目测一致为合格。

（10）地上管道应在试压、冲洗合格后进行涂漆防腐。

检查数量：全数检查。

检查方法：观察检查。

10. 喷头的验收

（1）喷头的数量、规格、型号应符合设计要求。

检查数量：全数检查。

检查方法：观察检查。

（2）喷头的安装位置、安装高度、间距及与梁等障碍物的距离偏差均应符合设计要求和本书7.1.2节第19条的相关规定。

检查数量：抽查设计喷头数量的5%，总数不少于5个。

检验方法：对照图纸尺量检查。

（3）不同型号规格备用量不应小于其实际安装总数的1%，且每种备用喷头数不应少于10只。

检查数量：全数检查。

检查方法：计数检查。

11. 水泵接合器的数量及进水管位置验收

检查数量：全数检查。

检查方法：观察检查。

12. 泡沫消火栓的验收

（1）规格、型号、安装位置及间距应符合设计要求。

检查数量：全数检查。

检查方法：对照设计文件观察检查、测量检查。

（2）应进行冷喷试验，且应与系统功能验收同时进行。

检查数量：任选一个储罐，按设计使用数量检查。

检查方法：泡沫消火栓应进行冷喷试验，其出口压力应符合设计要求，冷喷试验应与系统调试试验同时进行。

13. 公路隧道泡沫消火栓箱的验收

（1）安装质量应符合以下规定：

①泡沫消火栓箱应垂直安装，且应固定牢固；当安装在轻质隔墙上时应有加固措施。

检查数量：全数检查。

检查方法：观察和尺量检查。

②消火栓栓口应朝外，且不应安装在门轴侧，栓口中心距地面宜为1.1m，允许偏

差宜为 ±20mm，按安装总数的 10% 抽查，且不得少于 1 个。

检查数量：按安装总数的 10% 抽查，且不得少于 1 个。

检查方法：观察和尺量检查。

（2）泡沫试验应合格。

泡沫消火栓箱应进行喷泡沫试验，其射程应符合设计要求，发泡倍数应符合相关产品标准的要求。

检查数量：按 10% 抽查，且不少于 2 个。

检查方法：射程用尺量检查，发泡倍数按附录 2 的方法测量。

14. 泡沫喷雾装置动力瓶组、储存容器的验收

泡沫喷雾装置动力瓶组的数量、型号和规格、位置与固定方式、油漆和标志、储存容器的安装质量、充装量和储存压力等应符合设计及安装要求。

检查数量：全数检查。

检查方法：观察检查、测量检查、称重检查、用液位计或压力计测量。

15. 泡沫喷雾系统集流管的验收

泡沫喷雾系统集流管的材料、规格、连接方式、布置及其泄压装置的泄压方向应符合设计及安装要求。

检查数量：全数检查。

检查方法：观察检查、测量检查。

16. 泡沫喷雾系统分区阀的验收

泡沫喷雾系统分区阀的数量、型号、规格、位置、标志及其安装质量应符合设计及安装要求。

检查数量：全数检查。

检查方法：观察检查、测量检查。

17. 泡沫喷雾系统驱动装置的验收

泡沫喷雾系统驱动装置的数量、型号、规格和标志、安装位置、驱动气瓶的介质名称和充装压力，以及气动驱动装置管道的规格、布置和连接方式等应符合设计及安装要求。

检查数量：全数检查。

检查方法：观察检查、测量检查。

18. 驱动装置和分区阀的验收

驱动装置和分区阀的机械应急手动操作处，均应有标明对应防护区或保护对象名称的永久标志。驱动装置的机械应急操作装置均应设安全销并加铅封，现场手动启动按钮应有防护罩。

检查数量：全数检查。

检查方法：观察检查、测量检查。

19. 每个系统进行模拟灭火功能试验

（1）压力信号反馈装置应能正常动作，并应能在动作后启动消防水泵及与其联动的相关设备，可正确发出反馈信号。

检查数量：全数检查。

检查方法：利用模拟信号试验，观察检查。

（2）系统的分区控制阀应能正常开启，并可正确发出反馈信号。

检查数量：全数检查。

检查方法：利用模拟信号试验，观察检查。

（3）系统的流量、压力均应符合设计要求。

检查数量：全数检查。

检查方法：利用系统流量、压力检测装置通过泄放试验检查，观察检查。

（4）消防水泵及其他消防联动控制设备应能正常启动，并应有反馈信号显示。

检查数量：全数检查。

检查方法：观察检查。

（5）主电流、备电源应能在规定时间内正常切换。

检查数量：全数检查。

检查方法：模拟主备电源切换，采用秒表计时检查。

20. 泡沫灭火系统应对系统功能进行验收

（1）低倍数泡沫灭火系统喷泡沫试验应合格。

检查数量：任选一个防护区或储罐进行一次试验。

检查方法：按本书第 7.3.2 节第 10 条第（1）（2）款的相关规定执行。

（2）中倍数、高倍数泡沫灭火系统喷泡沫试验应合格。

检查数量：任选一个防护区进行一次试验。

检查方法：按本书第 7.3.2 节第 10 条第（3）款的相关规定执行。

（3）泡沫 - 水雨淋系统喷泡沫试验应合格。

检查数量：任选一个防护区进行一次试验。

检查方法：按本书第 7.3.2 节第 10 条第（4）款的相关规定执行。

（4）闭式泡沫 - 水喷淋系统喷泡沫试验应合格。

检查数量：任选一个防护区进行一次试验。

检查方法：按本书 7.3.2 节第 10 条第（5）款的相关规定执行。

（5）泡沫喷雾系统喷洒试验应合格。

检查数量：任选一个防护区进行一次试验。

检查方法：按本书 7.3.2 节第 10 条第（6）款的相关规定执行。

7.4.3 泡沫灭火系统工程质量验收判定条件

根据《泡沫灭火系统技术标准》GB 50151—2021，泡沫灭火系统验收缺陷应按表 7-2 分为严重缺陷项、重要缺陷项和轻微缺陷项。

泡沫灭火系统验收缺陷项目划分 表 7-2

项目	对应《泡沫灭火系统设计规范》GB 50151—2021 的条款要求
严重缺陷项	第 10.0.7 条、第 10.0.8 条、第 10.0.10 条第 3～5 款、第 10.0.15 条第 1 款、第 10.0.16 条第 1 款、第 10.0.19 条、第 10.0.20 条、第 10.0.21 条、第 10.0.25 条、第 10.0.26 条
重要缺陷项	第 10.0.9 条、第 10.0.10 条第 1、2 款、第 10.0.11 条、第 10.0.12 条、第 10.0.13 条、第 10.0.14 条第 1、2、3、4、6 款、第 10.0.15 条第 3、5 款、第 10.0.16 条第 2 款、第 10.0.17 条、第 10.0.18 条、第 10.0.22 条、第 10.0.23 条、第 10.0.24 条
轻微缺陷项	第 10.0.10 条第 6 款、第 10.0.14 条第 5 款、第 10.0.15 第 2、4 款、第 10.0.16 条第 3 款

当无严重缺陷项、重要缺陷项不多于 2 项，且重要缺陷项与轻微缺陷项之和不多于 6 项时，可判定系统验收为合格；其他情况应判定为不合格。

7.5 泡沫灭火系统管道法兰连接安装实训

7.5.1 实训概述

管道法兰连接是泡沫灭火系统管道安装的重要组成部分，本节以某泡沫灭火系统管道法兰连接为例，完成泡沫管道法兰连接的安装。

7.5.2 物资清单

泡沫灭火系统管道法兰连接安装元器件、材料、工具清单，如表 7-3 所示；实物图如图 7-15 所示。

泡沫管道法兰连接安装元器件、材料、工具清单 表 7-3

名称	型号 / 材料参数	数量	备注
法兰	*DN*100	1 个	

续表

名称	型号 / 材料参数	数量	备注
密封圈	/	1 个	
卡箍	DN100	1 对	
扳手	活动扳手，200mm×24mm	1 把	
手套	防刺手套	1 双	
沟槽正三通	DN100	1 个	
不锈钢螺栓	Φ8×100m	2 对	含螺母

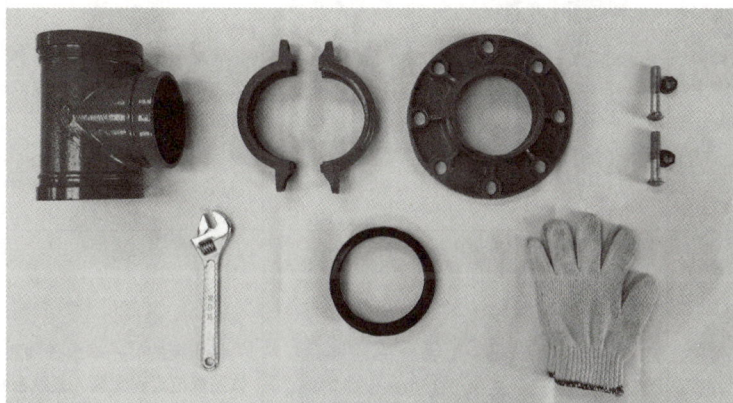

图 7-15　泡沫管道法兰连接安装元器件、材料、工具实物图

7.5.3　实施过程

依照管道法兰接线的标准，在安装前检查元器件是否符合要求、是否有质量问题等。泡沫管道法兰连接安装过程如表 7-4 所示。

泡沫管道法兰连接安装过程 表 7-4

序号	步骤	内容	注意事项 / 说明
1	平放法兰及套上密封圈		根据法兰的规格，选用规格匹配的密封圈。按照管道连接的操作方法，将密封圈套在法兰的一端

序号	步骤	内容	注意事项/说明
2	把法兰密封圈套上沟槽正三通		选用同等规格匹配的沟槽正三通，将沟槽正三通一端套进密封圈使其与法兰连接
3	在法兰密封圈下端套上卡箍		确定卡箍安装位置，将卡箍的一端放置到法兰密封圈下端，按照规范正确套紧，紧贴密封圈
4	在法兰密封圈上套上卡箍		将卡箍的另一端放置到法兰密封圈上端，按照规范正确套紧，紧贴密封圈，上下端卡箍套孔对齐
5	卡箍两端套上螺栓，用扳手拧紧固定		选用规格匹配的螺栓，放到卡箍两端的套孔，用扳手逐步拧紧直至卡箍完全固定紧固
6	整体安装检查		安装完毕后，按照规范对法兰连接处进行整体检查，确保位置正确，法兰密封圈卡箍连接水平、无倾斜且紧密、无缝隙

按 9S 管理要求，整理场地工位及工具材料、打扫卫生。

7.5.4　考核评价

泡沫管道法兰连接安装实训终结性评价如表 7-5 所示。

泡沫管道法兰连接安装实训终结性评价表　　　　表 7-5

序号	评价项目	评价要求	评价明细	评分标准	得分
1	安装前准备工作（10分）	劳保用品穿戴	是否符合要求	0~5	
		检查配件工具材料	是否检查	0~5	
2	安装工艺（20分）	扳手使用是否正确	每错1次扣1分	0~5	
		密封圈、卡箍安装是否正确	每错1次扣1分	0~5	
		管道配件位置及安装是否符合规范	每错1处扣1分	0~5	
		螺栓、沟槽正三通位置是否合适，方向是否颠倒	每错1处扣1分	0~5	
3	安装完成度（10分）	是否在规定的时间内完成安装	每超时1分钟扣1分	0~10	
4	安装质量（50分）	是否连接密闭、牢固	每错1处扣5分	0~10	
		管道及配件是否破损、变形	每错1处扣5分	0~10	
		是否连接松动、倾斜	每错1处扣5分	0~10	
		是否有重大缺陷	是否与法兰连接相符等	0~20	
5	9S 管理（10分）	职业素养	是否符合9S管理要求，每错1处扣2分	0~10	
	合计			100	

复习思考题

1. 高倍数泡沫产生器的安装应符合哪些规定？

2. 简述在泡沫管道法兰连接安装过程中，如何进行法兰连接的紧固操作，以确保法兰连接的可靠性和安全性。

气体和泡沫灭火系统
检测与维护管理

第8章

学习目标

1. 了解气体和泡沫灭火系统的检测与维护管理的基础知识；

2. 熟悉气体和泡沫灭火系统检测与维护管理操作要领，掌握对相关设备进行保养的技能；

3. 树立严格规范的工作程序和安全意识，为真正使用仪器设备做准备。

本章主要介绍了气体和泡沫灭火系统的检测与维护管理的各种要求及重要性、基础知识、工作场所与设备使用操作要领，以及相关的保养技能。通过详细的检测要求和维护管理规程，旨在确保灭火系统的正常运行，以应对潜在的火灾风险。

8.1　气体和泡沫灭火系统的检测

气体和泡沫灭火系统安装调试完成后，应委托具备相应从业条件的消防设施检测机构进行技术检测。系统部件及功能检测要全数进行检查。检查内容包括直观检查、安装检查和功能检查等。通过定期的消防维护管理，可以及时发现并解决消防设施的潜在问题，防止因设施故障而影响灭火和救援工作。同时,对消防设施进行维护和保养，可以延长设施的使用寿命，提高设施的可靠性和性能，确保在紧急情况下能够充分发挥作用。

8.1.1　一般规定

1. 检测技术一般要求

（1）各消防设施的组件和设备应符合设计选型，并应具有出厂产品合格证，消防产品应具有符合法定市场准入规则的证明文件。

（2）各消防设施的组件、设备的永久性铭牌和按规定设置的标志，其文字和数据应齐全、符号应清晰、色标应正确。

（3）系统组件、设备、管道、线槽、支架、吊架等应完好无损、无锈蚀，设备、管道应无泄漏现象，导线和电缆的连接、绝缘性能、接地电阻等应符合设计要求。

（4）检测用的仪器、仪表等，应按国家现行有关规定计量检定合格。

2. 检测方法一般要求

（1）检查各消防设施组件和设备的铭牌、标志、出厂产品合格证、消防产品的符合法定市场准入规则的证明文件等。

（2）检查检测用仪器、仪表、量具等的计量检定合格证及有效期。

（3）查看系统组件和设备、管道、线槽及支架、吊架等的外观，以及设备和管道有无泄漏现象。

（4）检查采用绝缘电阻测试仪测量的导线和电缆的线间、线对地间绝缘电阻值的记录；检查采用接地电阻测试仪测量的系统接地电阻值的记录。

（5）采用核对方式检查时，应与设计、验收等相关技术文件对比。

（6）应逐项记录各消防设施的检测结果及仪表显示的数据，填写检测记录表，并与上一次检测的记录表对比。

（7）检测过程中采用对讲设备进行联络，完成检测后将各消防设施恢复至正常警戒状态。

8.1.2 气体灭火系统检测要求

1. 储瓶检测要求

（1）储瓶间检查要求

①储瓶间门外侧中央贴有"气体灭火储瓶间"的标牌。

②管网灭火系统的储存装置宜设在专用储瓶间内，其位置应符合设计文件，如设计无要求，储瓶宜靠近防护区。

③储存装置间内设应急照明，其照度应达到正常工作照度。

（2）高压储存装置

1）直观检查要求

储存容器无明显碰撞变形和机械损伤缺陷，储存容器表面应涂红色，防腐层完好，手动操作装置有铅封，组件应完整，部件与管道连接处无松动、脱落等。

2）储存装置间的环境温度为 $-10 \sim 50 \text{℃}$，高压二氧化碳储存装置的环境温度为 $0 \sim 49 \text{℃}$。

3）安装检查要求

①储存容器的规格和数量应符合设计文件要求，且同一系统的储存容器的规格、尺寸要一致，其高度差不超过 20mm。

②储存容器表面应标明编号，容器的正面应标明设计规定的灭火剂名称，字迹明显清晰。储存装置上应设耐久的固定铭牌，标明设备型号、储瓶规格、出厂日期；每个储存容器上应贴有瓶签，并标有灭火剂名称、充装量、充装日期和储存压力等。

③储存容器必须固定在支（框）架上，支（框）架与建筑构件固定要牢固可靠，并做防腐处理；操作面距墙或操作面之间的距离不应小于 1m，且不小于储存容器外径的 1.5 倍。

④容器阀上压力表应无明显机械损伤，在同一系统中的安装方向要一致，其正面朝向操作面。同一系统中容器阀上压力表的安装高度差不宜超过 10mm，相差较大时，允许使用垫片调整；二氧化碳灭火系统要设检漏装置。

⑤灭火剂储存容器的充装量和储存压力应符合设计文件要求，且不超过设计充装量的 1.5%；卤代烷灭火剂储存容器内的实际压力不应低于相应湿度下的储存压力，且不应超过该储存压力的 5%；储存容器中充装的二氧化碳质量损失不应大于 10%。

⑥容器阀和集流管之间应采用挠性连接。

⑦灭火剂总量、每个防护分区的灭火剂量应符合设计文件要求。组合分配的二氧化碳灭火系统保护 5 个及以上的防护区或保护对象时，或在 48h 内不能恢复时，二氧化碳要有备用量；其他灭火系统的储存装置 72h 内不能重新充装恢复工作的，按系统原储存量的 100% 设置备用量，各防护区的灭火剂储量要符合设计文件要求。

4）功能检查要求

储存容器中充装的二氧化碳质量损失大于 10% 时，二氧化碳灭火系统的检漏装置应正确报警。

（3）低压储存装置

1）直观检查要求

与高压储存装置直观检查要求相同。

2）安装检查要求

①与高压储存装置直观检查要求相同。

②低压系统制冷装置的供电要采用消防电源。

③储存装置要远离热源，其位置要便于再充装，其环境温度宜为 −23 ~ 49℃。

3）功能检查要求

①制冷装置应采用自动控制，且设手动操作装置。

②低压二氧化碳灭火系统储存装置的报警功能应正常，高压报警压力设定值应为

2.2MPa，低压报警压力设定值应为 1.8MPa。

2. 阀门检测要求

（1）阀驱动装置

①气动驱动装置应无明显变形，表面防腐层完好，手动按钮上有完整铅封。

②气动管道应平整光滑，弯曲部分应规则平整。

（2）选择阀及压力信号器

1）直观检查要求

①有出厂合格证及法定机构的有效证明文件。

②现场选用产品的数量、型号、规格应符合设计文件要求。

③组件完整，无碰撞变形或其他机械损伤，铭牌清晰、牢固，方向正确。

2）安装检查要求

①选择阀的安装位置应靠近储存容器，安装高度宜为 1.5～1.7m。选择阀操作手柄应安装在便于操作的一面，当安装高度超过 1.7m 时应采取便于操作的措施。

②选择阀上应设置标明防护区或保护对象名称或编号的永久性标志牌。

③选择阀上应标有灭火剂流动方向的指示箭头，箭头方向应与介质流动方向一致。

（3）单向阀

1）直观检查要求

与选择阀直观检查要求相同。

2）安装检查要求

①单向阀的安装方向应与介质流动方向一致。

②七氟丙烷、三氟甲烷、高压二氧化碳灭火系统在容器阀和集流管之间的管道上应设液流单向阀，方向应与灭火剂输送方向一致。

③气流单向阀在气动管路中的位置、方向必须完全符合设计文件要求。

（4）泄压装置

1）直观检查要求

与选择阀直观检查要求相同。

2）安装检查要求

①在储存容器的容器阀和组合分配系统的集流管上，应设安全泄压装置。

②泄压装置的泄压方向不应朝向操作面。

③低压二氧化碳灭火系统储存容器上至少应设置 2 套安全泄压装置，其安全阀应通过专用泄压管接到室外，其泄压动作压力应为（2.38±0.12）MPa。

3. 其他部件检测要求

（1）防护区和保护对象

①防护区围护结构及门窗的耐火极限均不宜低于 0.50h；吊顶的耐火极限不宜低于 0.25h。防护区围护结构承受内压的允许压强不宜低于 1200Pa。

②2 个或 2 个以上的防护区采用组合分配系统时，1 个组合分配系统所保护的防护区不应超过 8 个。

③防护区应设置泄压口，宜设在外墙上。七氟丙烷灭火系统的泄压口应设在防护区净高度的 2/3 以上。

④喷放灭火剂前，防护区内除泄压口外的开口应能自行关闭。

⑤防护区的入口处应设防护区采用的相应气体灭火系统的永久性标志牌，应设火灾声光报警器；防护区的入口处正上方应设灭火剂喷放指示灯；防护区内应设火灾声报警器，必要时，可增设闪光报警器；防护区应有保证人员在 30s 内疏散完毕的疏散通道和出口，疏散通道及出口处应设置应急照明装置与疏散指示标志。

（2）喷嘴

1）直观检查要求

与选择阀直观检查要求相同。

2）安装检查要求

①安装在吊顶下的不带装饰罩的喷嘴，其连接管端螺纹不应露出吊顶；安装在吊顶下的带装饰罩喷嘴，其装饰罩应紧贴吊顶；设置在有粉尘、油雾等防护区的喷嘴，应有防护装置。

②喷嘴的安装间距应符合设计文件要求，喷嘴的布置应满足喷放后气体灭火剂在防护区内均匀分布的要求。当保护对象属可燃液体时，喷嘴射流方向不应朝向液体表面。

③喷嘴的最大保护高度不宜大于 6.5m，最小保护高度不应小于 300mm。

（3）预制灭火装置

1）直观检查要求

①与选择阀直观检查要求基本相同；

②1 个防护区设置的预制灭火系统，其装置数量不宜超过 10 台。

2）安装检查要求

①同一防护区设置多台装置时，其相互间的距离不得大于 10m。

②防护区内设置的预制灭火系统的充压压力不应大于 2.5MPa。

3）功能检查要求

同一防护区内的预制灭火系统装置多于 1 台时，必须能同时启动，其动作响应时差不得大于 2s。

8.1.3 泡沫灭火系统的检测要求

1. 泡沫液装置检测要求

（1）泡沫液储罐

1）安装要求：见 7.1.2 节的 2. 泡沫液储罐的安装的第（2）点。

2）检测方法：检测项目见 7.1.2 节的 2. 泡沫液储罐的安装，其中第（1）项及第（2）项的第①条用米尺、皮尺进行测量。其余项目均采用观察法检测。

（2）泡沫液压力储罐

1）安装要求：见 7.1.2 节的 3. 泡沫液压力储罐的安装。

2）检测方法：采用观察检查。

（3）泡沫比例混合器（装置）

1）安装要求：见 7.1.2 节的 4. 泡沫比例混合器（装置）的安装。

2）检测方法：采用观察检查。其中第（2）项主要是在调试时进行观察检查，因为只有管道充液调试时，才能观察到连接处是否有渗漏。

（4）环泵式比例混合器

1）安装要求：见 7.1.2 节的 5. 环泵式比例混合器的安装。

2）检测方法：第（1）（3）项用观察检查，第（2）项用拉线、尺量检查。

（5）压力式比例混合装置

1）安装要求：见 7.1.2 节的 6. 压力式比例混合装置的安装。

2）检测方法：采用观察检查。

（6）平衡式比例混合装置

1）安装要求：见 7.1.2 节的 7. 平衡式比例混合装置的安装。

2）检测方法：采用尺量检查和观察检查。

（7）管线式比例混合器

1）安装要求：见 7.1.2 节的 8. 管线式比例混合器的安装。

2）检测方法：采用尺量检查和观察检查。

2. 泡沫产生装置检测要求

（1）低倍数泡沫产生器

1）安装要求：见 7.1.2 节的 16. 低倍数泡沫产生器的安装。

2）检测方法：采用尺量检查和观察检查。

（2）中倍数泡沫产生器

1）安装要求：见 7.1.2 节的 17. 中倍数泡沫产生器的安装。

2）检测方法：采用拉线和尺量、观察检查。

（3）高倍数泡沫产生器

1）安装要求：见 7.1.2 节的 18. 高倍数泡沫产生器的安装。

2）检测方法：采用尺量检查和观察检查。

（4）泡沫喷头

1）安装要求：见 7.1.2 节的 19. 泡沫喷头的安装。

2）检测方法：采用尺量检查和观察检查。

（5）固定式泡沫炮

1）安装要求：见 7.1.2 节的 20. 固定式泡沫炮的安装。

2）检测方法：采用观察检查。

3. 阀门、管网的检测要求

（1）阀门的检测要求

1）安装要求：见 7.1.2 节的 14. 阀门的安装。

2）检测方法：其中第（1）（2）项按相关标准的要求采用观察检查，其他各项采用尺量检查和观察检查。

（2）管网的检测要求

1）安装要求：见 7.1.2 节的 9. 管道的安装。

2）检测方法：根据 7.1.2 节的 9. 管道的安装规定，第（1）～（3）、（5）～（9）项目采用尺量和观察检查；第（4）项坐标用经纬仪或拉线和尺量检查，标高用水准仪或拉线和尺量检查，水平管道平直度用水平仪、直尺、拉线和尺量检查，立管垂直度用吊线和尺量检查，与其他管道成排布置间距及与其他管道交叉时外壁或绝热层间距用尺量检查。

（3）泡沫混合液管道的检测要求

1）安装要求，见 7.1.2 节的 10. 泡沫混合液管道的安装。

2）检测方法：采用尺量和观察检查。

（4）泡沫液管道的检测要求

1）安装要求：见 7.1.2 节的 12. 泡沫液管道的安装。

2）检测方法：采用观察检查。

（5）管道的水压试验

1）试验要求

见 7.1.2 节的 9. 管道的安装的第（7）条。

2）检测方法

见 7.4.2 节的 9. 管网的验收的第（8）条。

（6）管道的冲洗

1）冲洗要求

见 7.4.2 节的 9. 管网的验收的第（9）（10）条。

2）检测方法

见 7.4.2 节的 9. 管网的验收的第（9）条。

8.2　气体和泡沫灭火系统的维护管理

8.2.1　气体灭火系统维护检查要求

1. 气体灭火系统相关规定

低压二氧化碳灭火剂储存容器的维护管理应按《气瓶安全技术规程》TSG 23—2021 的规定执行；钢瓶的维护管理应按《固定式压力容器安全技术监察规程》TSG 21—2016 的规定执行；灭火剂输送管道耐压试验周期应按《压力管道规范 工业管道 第 1 部分：总则》GB/T 20801.1—2020 的规定执行。

2. 气体灭火系统投入使用具备条件

气体灭火系统投入使用时，应具备下列文件，并应有电子备份档案，永久储存。

（1）系统及其主要组件的使用、维护说明书。

（2）系统工作流程图和操作规程。

（3）系统维护检查记录表。

（4）值班员守则和运行日志。

3. 气体灭火系统定期检查和维护人员要求

气体灭火系统应由经过专门培训，并经考试合格的专人负责定期检查和维护。

4. 气体灭火系统检查要求

应按检查类别规定对气体灭火系统进行检查，并做好检查记录，如表 8-1 所示。检查中发现的问题应及时处理。

（1）气体灭火系统每日检查要求

每日应对低压二氧化碳储存装置的运行情况、储存装置间的设备状态进行检查并记录。

（2）气体灭火系统每月检查应符合下列要求

①低压二氧化碳灭火系统储存装置的液位计检查，灭火剂损失 10% 时应及时补充。

②高压二氧化碳灭火系统、七氟丙烷管网灭火系统及 IG541 灭火系统的检查内容主要依据《气体灭火系统施工及验收规范》GB 50263—2007（系统施工与验收要求）、

《固定式压力容器安全技术监察规程》TSG 21—2016（固定式压力容器的设计、制造、安装、改造、修理、使用管理和检验检测要求）和《气瓶安全技术规程》TSG 23—2021（压力容器与气瓶安全要求），高压二氧化碳系统还需符合《二氧化碳灭火系统及部件通用技术条件》GB 16669—2010 的认证标准（液压强度及气密性试验）。

③灭火剂储存容器及容器阀、单向阀、连接管、集流管、安全泄放装置、选择阀、阀驱动装置、喷嘴、信号反馈装置、检漏装置、减压装置等全部系统组件应无碰撞变形及其他机械性损伤，表面应无锈蚀，保护涂层应完好，铭牌和保护对象标志牌应清晰，手动操作装置的防护罩、铅封和安全标志应完整。

④灭火剂和驱动气体储存容器内的压力，不得小于设计储存压力的 90%。

⑤预制灭火系统的设备状态和运行状况应正常。

（3）气体灭火系统每季度检查要求

每季度应对气体灭火系统进行 1 次全面检查，并应符合下列规定：

①可燃物的种类、分布情况，防护区的开口情况，应符合设计规定。

②储存装置间的设备、灭火剂输送管道和支架、吊架，应无松动。

③连接管应无变形、裂纹及老化。必要时，送法定质量检验机构进行检测或更换。

④各喷嘴孔口应无堵塞。

⑤对高压二氧化碳储存容器逐个进行称重检查，灭火剂净重不得小于设计储存量的 90%。

⑥灭火剂输送管道有损伤与堵塞现象时，应进行严密性试验和吹扫。

（4）气体灭火系统每年检查要求

每年应按对每个防护区进行 1 次模拟启动试验，并进行 1 次模拟喷气试验。

气体灭火系统维护检查记录 表 8-1

使用单位：

防护区 / 保护对象				
维护检查执行的规范名称及编号				
检查类别（日检、季检、年检）				
检查日期	检查项目	检查情况	故障原因及处理情况	检查人员签字

5. 气体灭火系统维护管理要求

与气体灭火系统配套的火灾自动报警系统的维护管理应按《火灾自动报警系统施工及验收标准》GB 50166—2019执行。

6. 启动瓶压力表检测

启动瓶压力表压力偏低处理时，逆时针旋转如图 8-1 所示黑色开关。

7. 外贮压压力表压力偏低

（1）使用活动扳手，将容器阀上大的外六角螺母逆时针旋转半圈，压力表有示数显示。

（2）使用活动扳手，将容器阀上大的外六角螺母顺时针旋紧，避免压力表长期带压造成泄漏，如图 8-2 所示。

逆时针旋开此黑色开关；如压力正常，压力表显示压力后，反方向拧紧此开关，避免意外漏气；无显示说明漏气。

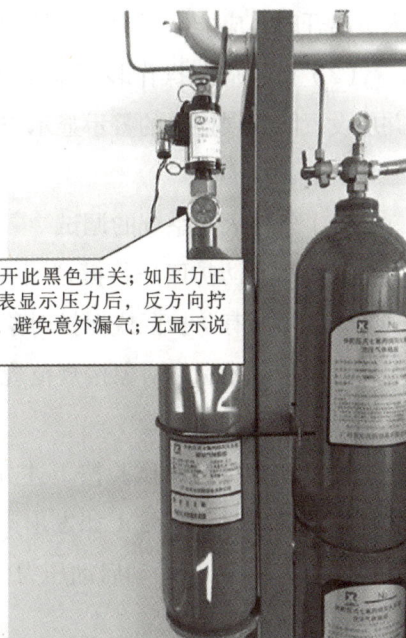

图 8-1 启动瓶压力表压力偏低处理方式

图 8-2 外贮压压力表压力偏低处理方式

8.2.2 气体灭火系统的操作与控制维护管理

1. 安装检查

（1）管网灭火系统应设自动控制、手动控制和机械应急操作三种启动方式。预制灭火系统应设自动控制和手动控制两种启动方式。

（2）灭火设计浓度或实际使用浓度大于无毒性反应浓度的防护区，应设手动与自动控制的转换装置。当人员进入防护区时，应能将灭火系统转换为手动控制方式；当人员离开时，应能恢复为自动控制方式。

（3）机械应急操作装置应设在储瓶间内或防护区疏散出口门外便于操作的地方，并应设置防止误操作的警示显示与措施。

2. 功能检查

（1）气体灭火系统的调试

应对每个防护区进行模拟喷气试验和备用灭火剂储存容器切换操作试验。系统调试时，应对所有防护区或保护对象按规定进行系统手动、自动模拟启动试验。调试时，对所有防护区或保护对象按规范规定进行模拟喷气试验。

（2）模拟启动试验

①手动模拟启动试验按下述方法进行：按下手动启动按钮，观察相关动作信号及联动设备动作是否正常（如发出声、光报警信号，启动输出端的负载响应，关闭通风空调、防火阀等）。手动启动压力信号反馈装置，观察相关防护区门外的气体喷放指示灯是否正常开启。

②自动模拟启动试验按下述方法进行：

a. 将灭火控制器的启动输出端与灭火系统相应防护区驱动装置连接。驱动装置与阀门的动作机构脱离。也可用一个启动电压、电流与驱动装置的启动电压、电流相同的负载代替。

b. 人工模拟火警使防护区内任意1个火灾探测器动作，观察单一火警信号输出后，相关报警设备动作是否正常（如警铃、蜂鸣器发出报警声等）。

c. 人工模拟火警使该防护区内另一个火灾探测器动作，观察复合火警信号输出后，相关动作信号及联动设备动作是否正常（如发出声、光报警信号，启动输出端的负载响应，关闭通风空调、防火阀等）。

③模拟启动试验结果要求：

a. 延迟时间与设定时间相符，响应时间满足要求。

b. 有关声、光报警信号正确。

c. 联动设备动作正确。

d. 驱动装置动作可靠。

（3）模拟喷气试验

①调试要求。调试时，对所有防护区或保护对象进行模拟喷气试验，并合格。

②预制灭火系统的模拟喷气试验宜各取一套进行试验，试验按产品标准中有关"联动试验"的规定进行。

③模拟喷气试验方法

a. IG541 混合气体灭火系统及高压二氧化碳灭火系统，应采用其充装的灭火剂进行模拟喷气试验。试验采用的储存容器数应为选定试验的防护区或保护对象设计用量所需容器总数的 5%，且不少于 1 个。

b. 低压二氧化碳灭火系统，应采用二氧化碳灭火剂进行模拟喷气试验。试验要选定输送管道最长的防护区或保护对象进行，喷放量不应小于设计用量的 10%。

c. 卤代烷灭火系统模拟喷气试验不应采用卤代烷灭火剂，宜采用氮气进行试验。氮气储存容器与被试验的防护区或保护对象用的灭火剂储存容器的结构、型号、规格应相同，连接与控制方式要一致，氮气的充装压力与灭火剂储存压力相等。氮气储存容器数不应少于灭火剂储存容器数的 20%，且不少于 1 个。

d. 模拟喷气试验宜采用自动启动方式。

④模拟喷气试验结果

a. 延迟时间与设定时间相符，响应时间满足要求。

b. 有关声、光报警信号正确。

c. 有关控制阀门工作正常。

d. 信号反馈装置动作后，气体防护区门外的气体喷放指示灯工作正常。

e. 储存容器间内的设备和对应防护区或保护对象的灭火剂输送管道无明显晃动和机械损伤。

f. 试验气体能喷入试验防护区内或保护对象上，且应能从每个喷嘴喷出。

（4）模拟切换操作试验

①调试要求设有灭火剂备用量且与储存容器连接在同一集流管上的系统应进行模拟切换操作试验，并合格。

②模拟切换操作试验方法为。

a. 按使用说明书的操作方法，将系统使用状态从主用量灭火剂储存容器切换为备用量灭火剂储存容器。

b. 按上述模拟喷气试验方法进行模拟喷气试验。

c. 试验结果符合上述模拟喷气试验结果的规定。

8.2.3　泡沫灭火系统维护检查要求

1. 每天检查巡查内容

泡沫灭火系统的使用或管理单位要有经过专门培训的人员负责系统的管理操作和维护，维护管理人员需要熟悉泡沫灭火系统的原理、性能和操作维护规程。维护管理人员需要每天对系统进行外观检查，并认真填写检查记录。

（1）查看消防泵及控制柜的工作状态，稳压泵、增压泵、气压水罐的工作状态，泵房工作环境；查看消防水池水位及消防用水的设施不被挪作他用；查看补水设施；查看防冻设施。

（2）查看泡沫喷头外观、泡沫消火栓外观、泡沫炮外观、泡沫产生器外观、泡沫液储罐间环境、泡沫液储罐外观、比例混合器外观、泡沫泵工作状态。

（3）查看消防泵控制柜仪表、指示灯、控制按钮和标识；模拟主泵故障，查看自动切换启动备用泵情况，同时查看仪表及指示灯显示。

（4）查看泡沫液储罐罐体、铭牌及配件。

（5）查看相关阀门启闭性能，压力表状态。

（6）查看泡沫产生器吸气孔、发泡网及暴露的泡沫喷射口是否有堵塞。

2. 每周试验内容

每周应对消防泵和备用动力进行一次启动试验，并应进行记录。

3. 每月检查内容

每月应对系统进行检查，并应进行记录，检查内容及要求如下：

（1）对低、中、高倍数泡沫产生器，泡沫喷头，固定式泡沫炮，泡沫比例混合器（装置），泡沫液储罐进行外观检查，应完好无损。

（2）对固定式泡沫炮的回转机构、仰俯机构或电动操作机构进行检查，性能应达到标准的要求。

（3）泡沫消火栓和阀门的开启与关闭应自如，不应锈蚀。

（4）压力表、管道过滤器、金属软管、管道及管件不应有损伤。

（5）对遥控功能或自动控制设施及操纵机构进行检查，性能应符合设计要求。

（6）对储罐上的低、中倍数泡沫混合液立管应清除锈渣。

（7）动力源和电气设备工作状况应良好。

（8）水源及水位指示装置应正常。

4. 每半年检查内容

除储罐液上泡沫混合液立管和液下喷射防火堤内泡沫管道及高倍数泡沫产生器进口端控制阀后的管道外，其余管道每半年应全部冲洗，清除锈渣，并应进行记录。

5. 每两年检查试验内容

每两年应对系统进行检查和试验，并应进行记录，检查和试验的内容及要求如下：

（1）对于低倍数泡沫灭火系统中的液上、液下及半液下喷射、泡沫喷淋、固定式泡沫炮和中倍数泡沫灭火系统进行喷泡沫试验，并对系统所有组件、设施、管道及管件进行全面检查。

（2）对于高倍数泡沫灭火系统，可在防护区内进行喷泡沫试验，并对系统所有组件、设施、管道及管件进行全面检查。

（3）系统检查和试验完毕，应对泡沫液泵或泡沫混合液泵、泡沫液管道、泡沫混合液管道、泡沫管道、泡沫比例混合器（装置）、泡沫消火栓、管道过滤器或喷过泡沫的泡沫产生装置等用清水冲洗后放空，复原系统。

8.2.4 泡沫灭火系统维护测试试验要求

泡沫灭火系统维护测试试验的要求，如表 8-2 所示。

泡沫灭火系统维护测试试验要求　　　　　　　　　　　　表 8-2

序号	类别	试验要求	检测方法
1	系统喷水试验	当为手动灭火系统时，要以手动控制的方式进行一次喷水试验；当为自动灭火系统时，要以手动和自动控制的方式各进行一次喷水试验。各项性能指标均要达到设计要求	用压力表、流量计、秒表测量。当系统为手动灭火系统时，选择最远的防护区或储罐进行喷水试验；当系统为自动灭火系统时，选择最大和最远的两个防护区或储罐分别以手动和自动的方式进行喷水试验
2	低、中倍数泡沫灭火系统喷泡沫试验	低、中倍数泡沫灭火系统喷水试验完毕后，将水放空，进行喷泡沫试验；当泡沫灭火系统为自动灭火系统时，要以自动控制的方式进行；喷射泡沫的时间不应少于 1min；实测泡沫混合液的混合比、泡沫混合液的发泡倍数及到达最不利点防护区或储罐的时间和湿式联用系统自喷水至喷泡沫的转换时间要符合设计要求	对于混合比的检测，蛋白、氟蛋白等折射指数高的泡沫液可用手持折射仪测量，水成膜、抗溶水成膜等折射指数低的泡沫液可用手持导电度测量仪测量；泡沫混合液的发泡倍数按照《泡沫灭火剂》GB 15308—2006 规定的方法测量；喷射泡沫的时间和泡沫混合液或泡沫到达最不利点防护区或储罐的时间及湿式联用系统自喷水至喷泡沫的转换时间，用秒表测量。喷泡沫试验要选择最不利点的防护区或储罐进行，为了节约试验成本，进行一次试验即可
3	高倍数泡沫灭火系统喷泡沫试验	高倍数泡沫灭火系统喷水试验完毕后，将水放空，以手动或自动控制的方式对防护区进行喷泡沫试验，喷射泡沫的时间不应少于 30s，实测泡沫混合液的混合比和泡沫供给速率及自接到火灾模拟信号至开始喷泡沫的时间要符合设计要求	对于混合比的检测，蛋白、氟蛋白等折射指数高的泡沫液可用手持折射仪测量，水成膜、抗溶水成膜等折射指数低的泡沫液可用手持导电度测量仪测量；泡沫供给速率检测时，应记录各高倍数泡沫产生器进口端压力表读数，用秒表测量喷射泡沫的时间，然后按制造厂给出的曲线查出对应的发泡量，经计算得出泡沫供给速率，供给速率不能小于设计要求的最小供给速率；喷射泡沫的时间和自接到火灾模拟信号至开始喷泡沫的时间，用秒表测量。对于高倍数泡沫灭火系统，所有防护区均需要进行喷泡沫试验

8.3　气体灭火系统检测与维护管理实训

8.3.1　实训概述

本实训旨在培养学生的综合技能，包括对气体灭火系统的认知、维护和管理能力，使学生了解气体灭火系统的工作原理、组成部件、操作规程及日常维护保养方法。

8.3.2 物资清单

1. 实训装置

气体灭火系统检测与维护管理实训装置如图 8-3 所示。

2. 维护工具

气体灭火系统检测与维护管理实训材料、工具清单，如表 8-3 所示；常用维护工具如图 8-4 所示。安全帽、手套、护目镜等防护用品如图 8-5 所示。

图 8-3　气体灭火系统检测与维护管理实训装置

气体灭火系统检测与维护管理实训材料、工具清单　　　　　　表 8-3

名称	型号 / 材料参数	数量	备注
扳手	活动扳手	1 把	
电工钳	戴绝缘层	2 把	
螺丝刀	一字、十字	若干把	
卷尺	3m	1 把	
试电笔	100 ~ 500V	1 把	
电工刀		1 把	
内六角扳手	五合一	1 套	
锤子		1 把	
安全帽		1 个	
手套		1 双	
护目镜		1 副	
压力表	数字式	1 个	
气体浓度检测仪		1 个	

图 8-4　常用维护工具

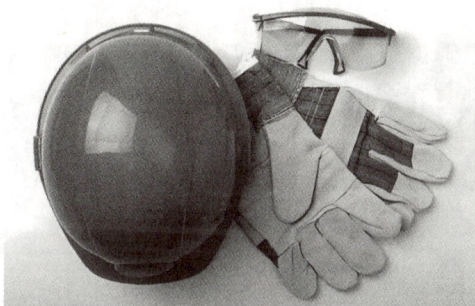

图 8-5　防护用品

压力表、气体浓度检测仪如图 8-6、图 8-7 所示。

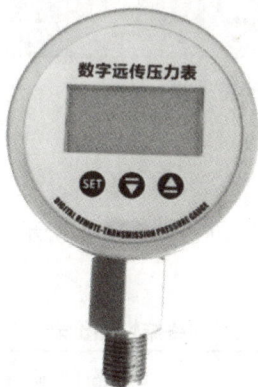

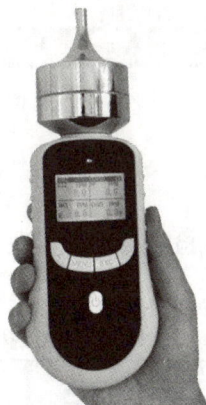

图 8-6　压力表　　　　　　　图 8-7　气体浓度检测仪

8.3.3　实施过程

（1）检查气体灭火系统各部件及控制屏，保证其正常运行，各部件检查要求如图 8-8 所示。

（2）使用压力表及气体浓度检测仪检测气瓶的压力是否达到规范要求，有无泄漏现象。

（3）检查试验手动和自动放气装置是否正常。

（4）模拟自动报警系统中的烟感、温感探测器同时动作，检查气瓶的电磁阀是否动作，控制屏是否有放气信号，警铃、蜂鸣器是否动作。每月检测控制屏的功能情况、气瓶压力是否正常。

（5）检查试验手动和自动放气装置。

（6）模拟进行烟感、温感探测器动作，是否有放气信号，警铃、蜂鸣器是否动作灵敏。

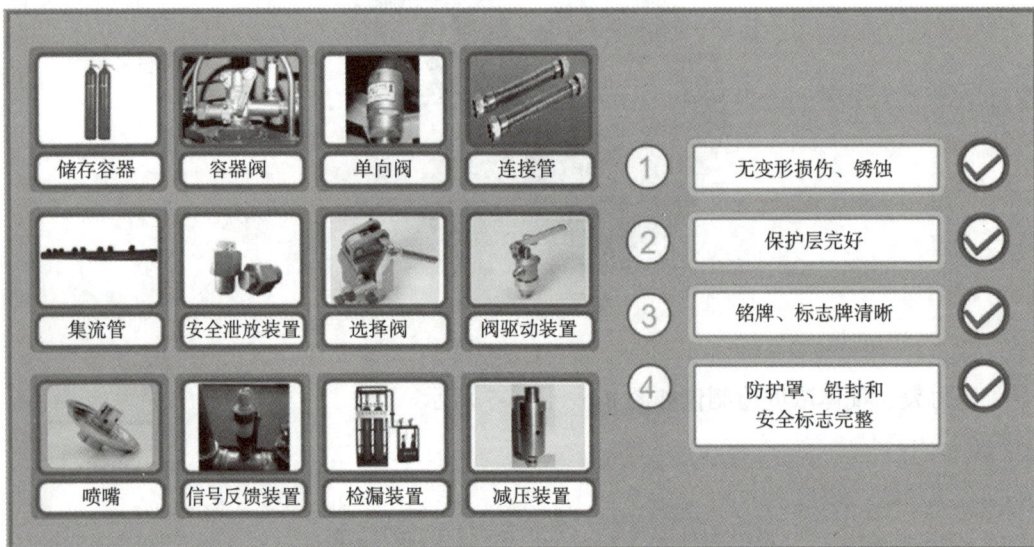

图 8-8　各部件检查要求

8.3.4　考核评价

气体灭火系统检测与维护管理实训终结性评价，如表 8-4 所示。

气体灭火系统检测与维护管理实训终结性评价表　　　表 8-4

序号	评价项目	评价要求	评价明细	评分标准	得分
1	检测与维护前准备工作（10分）	劳保用品穿戴	是否符合要求	0～5	
		检查工具、材料	是否检查	0～5	
2	检测与维护流程（20分）	团队协作情况	每错1次扣1分	0～5	
		安全意识情况	每错1次扣1分	0～5	

序号	评价项目	评价要求	评价明细	评分标准	得分
2	检测与维护流程 （20分）	检测仪器工具使用是否正确	每错 1 处扣 1 分	0 ~ 5	
		是否准确描述组成部件	每错 1 处扣 1 分	0 ~ 5	
3	检测与维护完成度 （10分）	是否在规定的时间内完成检测与维护	每超时 1 分钟扣 1 分	0 ~ 10	
4	检测与维护质量 （50分）	操作准确、规范	每错 1 处扣 5 分	0 ~ 10	
		正确识别并处理故障	每错 1 处扣 5 分	0 ~ 10	
		检测、维护报告撰写	每错 1 处扣 5 分	0 ~ 10	
		重大缺陷，漏检、错检等	每错 1 处扣 10 分	0 ~ 20	
5	9S 管理 （10分）	职业素养	是否符合 9S 管理要求，每错 1 处扣 2 分	0 ~ 10	
合计				100	

复习思考题

1.简述气体灭火系统在日常维护中应重点关注的方面，并解释这些方面对于系统的正常运行至关重要的原因。

2.泡沫灭火系统在应用中可能会出现哪些问题？请提出相应的预防和应对措施。

附录 1 相关表格

施工过程调试检查记录

附表 1-1

分项工程名称	质量规定（《泡沫灭火系统技术标准》GB 50151—2021）		施工单位检查记录	监理单位检查记录
泡沫灭火系统调试	第 9.4.18 条	1		
		2		
		3		
		4		
		5		
		6		
结论	施工单位项目负责人： （签章） 年 月 日		监理工程师： （签章） 年 月 日	

泡沫灭火系统质量控制资料核查记录

附表 1-2

工程名称				
建设单位		设计单位		
监理单位		施工单位		
序号	资料名称	资料数量	核查结果	核查人
1	有效设计施工图、设计说明书			
2	设计变更通知书、竣工图			
3	系统组件和泡沫液的自愿性认证或检验的有效证明文件和产品出厂合格证；材料的出厂检验报告与合格证			
4	系统组件的安装使用说明书			
5	施工许可证和施工现场质量管理检查记录			
6	泡沫灭火系统施工过程检查记录及阀门的强度和严密性试验记录、管道试压和管道冲洗记录、隐蔽工程验收记录			
7	系统验收申请报告			
核查结论				
核查单位	建设单位	施工单位	监理单位	
	（公章） 项目负责人： （签章） 年 月 日	（公章） 项目负责人： （签章） 年 月 日	（公章） 监理工程师： （签章） 年 月 日	

<h2 style="text-align:center">泡沫灭火系统验收记录</h2>

附表 1-3

工程名称					
建设单位			设计单位		
监理单位			施工单位		

子分部工程名称			系统验收	施工执行规范名称及编号	《泡沫灭火系统技术标准》GB 50151—2021
分项工程名称	条	款	验收项目名称	验收内容记录	验收评定结果
系统施工质量验收	10.0.7	1	水源	给水管网进水管管径及供水能力、储水设施容量	
		2		天然水源水量、枯水期确保用水的措施	
		3		过滤器	
	10.0.8		动力源、备用动力及电气设备	电源负荷级别,备用动力的容量,电气设备的规格、型号、数量及安装质量,动力源和备用动力的切换试验	
	10.0.9	1	消防泵房	位置、耐火等级等防火要求	
		2		应急照明及安全出口	
	10.0.10	1	泡沫消防水泵与稳压泵	泵、柴油机、阀门等部件的规格、型号、数量等,控制阀的锁定位置,柴油机排烟管道的布置、柴油的牌号	
		2		引水方式	
		3		电动消防泵启动情况	
		4		柴油机消防泵的启动情况	
		5		稳压泵启动情况	
		6		自动系统的启动控制	
系统施工质量验收	10.0.11	1	泡沫液储罐	材质、规格、型号及安装质量	
		2		标志	
		3		附件的功能	
	10.0.12	1	泡沫比例混合装置	规格、型号及安装质量	
		2		混合比	
	10.0.13		泡沫产生装置	规格、型号及安装质量	
	10.0.14	1	报警阀组	组件的质量	
		2		流量、压力	
		3		水力警铃的位置、铃声声强	

续表

系统施工质量验收	10.0.14	4	阀组动作情况	
		5	报警阀组	控制阀状态
		6		联动控制要求
	10.0.15	1	管道	管道的材质、规格、管径、连接方式、安装位置、防冻措施
		2		管道坡度及辅助排水设施
		3	管件	管件的规格、安装位置
		4	管道支、吊架,管墩	固定方式、间距
		5	管道穿楼板、防火墙、变形缝等的处理	套管尺寸和空隙的填充材料及穿变形缝时采取的保护措施
系统施工质量验收	10.0.16	1	喷头	数量、规格、型号
		2		安装位置、安装高度、相关距离及偏差
		3		备用量
	10.0.17		水泵接合器	数量、进水管位置
	10.0.18	1	泡沫消火栓	规格、型号、安装位置及间距
		2		冷喷试验
	10.0.19	1	泡沫消火栓箱	安装质量
		2		喷泡沫试验
	10.0.20		泡沫喷雾系统动力瓶组	数量、规格、型号、安装质量、充装量、储存压力
	10.0.21		泡沫喷雾系统集流管	材料、规格、连接方式、布置及泄压装置
	10.0.22		泡沫喷雾系统分区阀	数量、型号、规格、位置、标志、安装质量
	10.0.23		泡沫喷雾系统驱动装置	数量、型号、规格、位置、标志、驱动气瓶介质及压力、驱动装置管道
	10.0.24		机械应急手动操作装置	标志、附件
系统功能验收	10.0.25	1	压力信号反馈装置	启动情况、反馈信号
		2	分区控制阀	启动情况、反馈信号
		3	流量、压力	是否满足设计要求
		4	水泵及其他联动设备	启动情况、反馈信号
		5	主、备电源	切换情况
	10.0.26	1	低倍数系统	发泡倍数、混合比、自系统启动至喷泡沫的时间等

续表

系统功能验收	10.0.26	2	中倍数、高倍数系统	泡沫供给速率、混合比、自系统启动至喷泡沫的时间等	
		3	泡沫 - 水雨淋系统	发泡倍数、混合比、自系统启动至喷泡沫的时间等	
		4	闭式泡沫 - 水喷淋系统	混合比、充水时间、自系统启动至喷泡沫的时间等	
		5	泡沫喷雾系统	混合比、自系统启动至喷泡沫的时间等	

验收结论				

验收单位	建设单位	施工单位	监理单位	设计单位
	（公章）	（公章）	（公章）	（公章）
	项目负责人：（签章）	项目负责人：（签章）	总监理工程师：（签章）	项目负责人：（签章）
	年 月 日	年 月 日	年 月 日	年 月 日

管道试压记录 附表1-4

工程名称											
施工单位					监理单位						
管道编号	设计参数				强度试验				严密性试验		
	管径（mm）	材质	介质	压力（MPa）	介质	压力（MPa）	时间（min）	结果	介质	压力（MPa）	时间（min）	结果
结论											
参加单位及人员	施工单位项目负责人：（签章） 年 月 日					监理工程师：（签章） 年 月 日					

管道冲洗记录 　　　　　　　　　　　　　　　　　附表 1-5

工程名称										
施工单位					监理单位					
管道编号	设计参数				冲洗					
	管径（mm）	材质	介质	压力（MPa）	介质	压力（MPa）	流量（L/s）	流速（m/s）	冲洗时间或次数	结果
结论										
参加单位及人员	施工单位项目负责人：（签章）　　　　　　　　　年　月　日				监理工程师：（签章）　　　　　　　　　年　月　日					

附录 2　发泡倍数的测量方法

1. 测量设备

（1）台秤 1 台（或电子秤）：量程 50kg，精度 20g。

（2）泡沫产生装置：

1）PQ4 或 PQ8 型泡沫枪 1 支。

2）中倍数泡沫枪（手提式中倍数泡沫产生器）1 支。

（3）量筒 1 个：容积大于或等于 20L（dm^3）。

（4）刮板 1 个（由量筒尺寸确定）。

2. 测量步骤

（1）用台秤测空筒的质量 W_1（kg）。

（2）将量筒注满水后称得质量 W_2（kg）。

（3）计算量筒的容积 $V = \dfrac{W_2 - W_1}{\rho_水}$。

注：水的密度按 $1kg/m^3$ 考虑，即 1kg 水体积为 1L。

（4）从泡沫混合液管道上的泡沫消火栓接出水带和 PQ4 或 PQ8 型或中倍数泡沫

枪，系统喷泡沫试验时打开泡沫消火栓，待泡沫枪的进口压力达到额定值，喷出泡沫10s后，用量筒接满立即用刮板刮平，擦干外壁，此时称得质量为 W（kg）（有条件时宜从低、中倍数泡沫产生器处接取泡沫）。

（5）液下喷射泡沫，从高背压泡沫产生器出口侧的泡沫取样口处，用量筒接满泡沫后，用刮板刮平，擦干外壁，称得重量为 W（kg）。

（6）泡沫 - 水喷淋系统可从最不利防护区的最不利点喷头处接取泡沫；固定式泡沫炮可从最不利点处的泡沫炮接取泡沫，操作方法按本条第（4）款执行。

3. 计算公式

$$N = \frac{V}{W - W_1} \times \rho$$

式中　N——发泡倍数；

　　　W_1——空桶的质量（kg）；

　　　W——接满泡沫后量筒的质量（kg）；

　　　ρ——泡沫混合液的密度，按 1kg/L 或 1kg/dm³；

　　　V——量桶的容积（L 或 dm³）。

4. 重复一次测量，取两次测量的平均值作为测量结果。

5. 测量结果应符合下列规定：

（1）低倍数泡沫混合液的发泡倍数宜大于或等于 5，液下喷射泡沫灭火系统的发泡倍数不应小于 2，且不应大于 4。

（2）中倍数泡沫混合液的发泡倍数宜大于或等于 20。

注：高倍数泡沫灭火系统测量泡沫供给速率，不应小于设计要求的泡沫最小供给速率。

参考文献

[1] 梁红卫，张富建 . 电工理论与实操（入门指导）[M]. 北京：清华大学出版社，2018.

[2] 张富建 . 钳工理论与实操（入门与初级考证）[M].2 版 . 北京：清华大学出版社，2014.

[3] 陈长坤 . 燃烧学 [M]. 北京：机械工业出版社，2013.

[4] 国家消防救援局 . 消防安全技术实务（上、下册）（2023 年修订）[M]. 北京：中国计划出版社，2023.

[5] 中国消防协会 . 消防设施操作员（基础知识）[M]. 北京：中国劳动社会保障出版社，2019.

[6] 许佳华 . 建筑消防工程施工实用手册 [M]. 武汉：华中科技大学出版社，2016.

[7] 秘义行，智会强，王璐 . 泡沫灭火技术 [M]. 北京：中国计划出版社，2016.

[8] 方正，谢晓晴 . 消防给水排水工程 [M]. 北京：机械工业出版社，2013.

[9] 宋广瑞，但学文，刘静 . 气体灭火系统 [M]. 成都：西南交通大学出版社，2015.

[10] 张学魁，张烨 . 建筑气体灭火系统 [M]. 北京：化学工业出版社，2006.

[11] 公安部消防局 . 建筑消防设施工程技术 [M]. 北京：新华出版社，1998.

[12] 中华人民共和国建设部 . 气体消防系统选用、安装与建筑灭火器配置：07S207[S]. 北京：中国计划出版社，2007.

[13] 中华人民共和国建设部 . 气体灭火系统施工及验收规范：GB 50263—2007[S]. 北京：中国计划出版社，2007.

[14] 中华人民共和国住房和城乡建设部 . 消防设施通用规范：GB 55036—2022[S]. 北京：中国计划出版社，2022.

[15] 中华人民共和国公安部 . 悬挂式气体灭火装置：XF13—2006[S]. 北京：中国计划出版社，2006.

[16] 中华人民共和国住房和城乡建设部 . 现场设备、工业管道焊接工程施工规范：GB 50236—2011[S]. 北京：中国计划出版社，2011.

[17] 国家市场监督管理总局，国家标准化管理委员会 . 气体灭火系统及部件：GB 25972—2024[S]. 北京：中国标准出版社，2024.

[18] 中华人民共和国国家质量监督检验检疫总局，国家标准化管理委员会 . 二氧化碳灭火系统及部件通用技术条件：GB 16669—2010[S]. 北京：中国标准出版社，2010.

[19] 中华人民共和国国家质量监督检验检疫总局，国家标准化管理委员会 . 柜式气体灭火装置：GB 16670—2006[S]. 北京：中国标准出版社，2006.

[20] 中华人民共和国国家质量监督检验检疫总局，国家标准化管理委员会 . 低压二氧化碳灭火系统及部件：GB 19572—2013[S]. 北京：中国标准出版社，2013.

[21] 国家市场监督管理总局，国家标准化管理委员会 . 惰性气体灭火剂：GB 20128—2024[S]. 北京：

中国标准出版社，2024.

[22] 中华人民共和国住房和城乡建设部，中华人民共和国国家质量监督检验检疫总局. 二氧化碳灭
火系统设计规范：GB 50193—93（2010 年版）[S]. 北京：中国计划出版社，2010.

[23] 中华人民共和国住房和城乡建设部. 低压配电设计规范：GB 50054—2011[S]. 北京：中国计划出
版社，2011.

[24] 中华人民共和国住房和城乡建设部. 自动喷水灭火系统施工及验收规范：GB 50261—2017[S].
北京：中国计划出版社，2017.

[25] 中华人民共和国住房和城乡建设部. 火灾自动报警系统施工及验收标准：GB 50166—2019[S].
北京：中国计划出版社，2019.

[26] 中华人民共和国住房和城乡建设部，中华人民共和国国家质量监督检验检疫总局. 现场设备、
工业管道焊接工程施工质量验收规范：GB 50683—2011[S]. 北京：中国计划出版社，2012.

[27] 中华人民共和国住房和城乡建设部. 风机、压缩机、泵安装工程施工及验收规范：GB 50275—
2010[S]. 北京：中国计划出版社，2011.

[28] 中华人民共和国住房和城乡建设部. 泡沫灭火系统技术标准：GB 50151—2021[S]. 北京：中国计
划出版社，2021.

[29] 中华人民共和国住房和城乡建设部. 工业金属管道工程施工质量验收规范：GB 50184—2011[S].
北京：中国计划出版社，2011.

[30] 中华人民共和国国家质量监督检验检疫总局. 自动喷水灭火系统 第 2 部分：湿式报警阀、延迟
器、水力警铃：GB 5135.2—2003[S]. 北京：中国标准出版社，2004.

[31] 国家能源局. 常压容器 第 1 部分：钢制焊接常压容器：NB/T 47003.1—2022[S]. 北京：北京科学
技术出版社，2022.

[32] 中国工程建设标准化协会. 惰性气体灭火系统技术规程：CECS 312：2012[S]. 北京：中国计划出
版社，2012.

[33] 中华人民共和国住房和城乡建设部. 电气装置安装工程. 爆炸和火灾危险环境电气装置施工及
验收规范：GB 50257—2014[S]. 北京：中国计划出版社，2015.

[34] 中国工程建设标准化协会. 气体消防设施选型配置设计规程：CECS 292：2011[S]. 北京：中国计
划出版社，2011.

[35] 中华人民共和国住房和城乡建设部，中华人民共和国国家质量监督检验检疫总局. 工业金属管
道工程施工规范：GB 50235—2010[S]. 北京：中国计划出版社，2011.